ZHEJIANG NONGYE WULIANWANG
SHIJIAN YU FAZHAN

浙江农业物联网
实践与发展

陶忠良◎主编

中国农业科学技术出版社

图书在版编目（CIP）数据

浙江农业物联网实践与发展 / 陶忠良主编 . — 北京：中国农业科学技术出版社，2017.3

ISBN 978-7-5116-2992-0

I.①浙… II.①陶… III.①互联网络－应用－农业－研究－浙江②智能技术－应用－农业－研究－浙江 IV.① S126② F32-39

中国版本图书馆 CIP 数据核字（2017）第 041439 号

出版总监　冯智慧

责任编辑　闫庆健
责任校对　贾海霞

出　版　者　中国农业科学技术出版社
　　　　　　北京市中关村南大街12号　邮编：100081
电　　　话　(010)82106625(编辑室) (010)82109704(发行部)
传　　　真　(010)82106625
网　　　址　http：//www.castp.cn
经　销　者　各地新华书店
印　刷　者　杭州杭新印务有限公司
开　　　本　710mm×1 000mm　1/16
印　　　张　15.25
字　　　数　266千字
版　　　次　2017年3月第1版　2017年3月第1次印刷
定　　　价　50.00元

编撰人员

主　　编　陶忠良

副 主 编　管孝锋　陆林峰　王焕森　朱　莹

编撰人员　（按姓氏笔画排序）

王　兵　王银燕　王焕森　叶　峰

朱　莹　杨远晶　吴晓柯　余水军

张文标　陆林峰　陈慈芳　邵　慧

林蔚红　周　萍　胡玉林　夏建兴

陶忠良　徐巧英　黄海龙　蒋益峰

程国耀　童小虎　管孝锋　廖小丽

潘青仙　戴文华　司徒岳强

浙江智慧书社

出版统筹

地址　杭州市秋涛北路83号　新城市广场 B 座21层
邮编　310020　电话　0571-86434728

序

物联网作为互联网产业的重要组成部分，是新一代信息技术的高度集成和综合运用，具有渗透性强、带动作用大、综合效益好的特点，在农业领域具有广泛的前景。发展农业物联网，加快实时监测、无线传输、远程控制、二维码识别、灾害预警、智能分析决策等现代信息技术在农业生产管理上的应用，是促进农业发展的重要手段，有利于促进传统农业向智能化、精细化、网络化方向转变，它代表一种先进生产力，推动现代农业形态不断的演进。

近年来，国务院、农业部、省政府相继出台了多个关于"互联网+"、大数据等相关指导性文件，提出要利用互联网提升农业生产、经营、管理和服务水平，培育一批网络化、智能化、精细化的现代"种养加"生态农业新模式。本书在广泛推荐的基础上，对农业物联网模式进行深入调研分析，提炼出种类全、技术过硬、效果显著、推广性强的案例。这些案例经过一定规模及时间的应用，具有较好的通用性，效果明显，可学、可用、可复制，各地生产者可因地制宜采用，推进农业互联网创业创新，这对于加快我省农业供给侧结构性改革，建设高效生态现代农业具有十分重要意义。

"十三五"期间，浙江将持续推进"互联网+"现代农业，以创新、协调、绿色、开放、共享五大发展理念为引领，加大农业物联网示范应用，进一步探索可持续发展的农业物联网应用模式，提高信息化服务"三农"的水平，助推我省农业现代化与信息化深度融合发展，继续保持我省农业信息化在全国的领先位置。

　　　　　　　　　浙江省农业厅党组成员、副厅长

前　言

随着浙江现代农业的发展，信息化建设方面的投入不断加大，发展智能、高效、精准、可持续的农业物联网模式成为全省农业信息化战略的重要任务。

为引导新型农业经营主体主动应用农业物联网技术，切实发挥物联网对加快农业转型升级的重要作用，经深入调研和分析，我们挖掘了一批有特色、实效明显的农业物联应用模式。本书集中录入了可看、可用、可持续、可推广的56个农业物联网案例，供各地学习借鉴，其中，包括花卉苗木案例10个、水果蔬菜案例16个、中药材案例8个、食用菌案例5个、畜牧养殖案例5个和12个综合案例。

本书主要读者对象为农业信息化相关从业工作者、科研人员和运用信息化技术开展农业活动的广大劳动者。

由于时间和编写水平有限，书中疏漏之处，恳请读者批评指正。在此，也向一直关心和支持我们的各级领导和同志们表示由衷感谢。

编　者

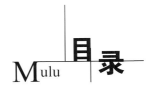

目录

第三部分　中药材

第四部分　食用菌

第五部分　畜牧养殖

第六部分　综　合

第一部分　花卉苗木

DI YI BU FEN　HUA HUI MIAO MU

杭州艾维："互联网＋"在花卉生产上的应用

杭州艾维园艺有限公司

一、企业概况

杭州艾维园艺有限公司成立于2010年4月，前身是萧山宁围四季花圃，是一家从事花卉工厂化生产的科技型企业。公司坐落在杭州钱江二桥南岸的宁围镇顺坝村，交通便捷，基地面积80亩（1亩≈667平方米，全书同），温室面积3公顷，在天目山建有40亩高山越夏基地。公司现有工人20名，高级技术顾问3名。生产的花卉品种主要有一品红、观赏凤梨、红掌、兰花等系列。公司本着"科研、开发、生产"的原则，以"引进、吸收、消化、创新"为生产理念。20年来，从最初以引种栽培生产，到现在研发新技术新品种，并逐渐形成规模生产，走过了不平凡的发展道路。近4年，公司在基地建设、温室智能化和信息化等建设中投入资金1200多万元，目前，中高档盆花和花坛草花生产已成规模，同时可提供技术服务，将种植、养护管理和服务相结合，竭诚为广大花农服务。2015年产高档盆花80万盆，花坛草花200万株，花卉种苗500万株，产品畅销全国各地，销售额达1200多万元。

二、物联网应用

（一）基地建设情况

随着计算机技术的快速发展和环境检测装置如光、温、湿、气、肥等探头的不断改进提高，自动化控制正在逐步应用于现代农业中，"互联网＋"的种植模式逐渐兴起，使传统的繁重的农业生产逐步向轻松惬意的"智慧农业"迈进。利用"互联网+"能够充分运用信息技术和检测技术的最新成果，通过信息的获取、处理、传播和应用，实现农业生产管理自动化，加速传统农业改造、升级，大幅度提高农业生产效率和经营管理水平。

萧山区是全国闻名的花木之乡，花卉苗木已成为萧山区农业五大特色产业之一，产值占到全省花卉苗木总产值的1/10左右。但花卉企业目前的生产管理还处于传统人工管理阶段，大多是根据人的感官或一些简单测量设备的测定，再由人工来控制通风系统、降温系统、加温系统、喷雾加除湿系统、内外遮阳系统、补光系统、灌溉系统等设施设备。人工控制具有不确定性、不稳定性、不及时性、不全时段管理等不足之处。受到工人可能没有及时观察到、暂时脱岗或下班等因素制约，可致温室内环境趋于不合理或极端状态下，造成灼伤、干旱、过湿、冷害、热害、浪费资源等风险，严重影响生长周期和产品质量。人工管理导致花卉生产不仅与技术水平有关，更与管理工人的生产经验和责任心相关，这样生产的花卉产品质量就会因人而异，产品质量的稳定性和一致性就会降低。而采用"互联网+"管理系统进行花卉生产，不仅对温室内外环境数据进行全时段检测记录，还对温室设备进行全时段全权限管理，大大降低了对人工技术水平依赖程度，降低人工费用，节约能源，而且使得环境控制更精确，产品质量也显著提高。

（二）解决方案

艾维公司为了更好实现花卉工厂化生产，积极利用新技术、新发明，在上级科技部门指导下，与浙江大学、浙江省农业科学院花卉研究中心、杭州市农业科学院园艺研究所联合，利用北京奥托精仪科技发展有限公司开发的自动化管理系统，进行温室智能化花卉专家管理系统的开发研究。主要开发内容为：根据温室花卉生产的特点，按不同花卉整个生育期对温度、湿度、光照、风向、风速、气压、水量、太阳辐射量、土壤温湿度、二氧化碳气体等环境要素的需求，设定在不同时期所需不同的生长参数，自动调节温室内的环境参数，由主控计算机控制，自行开启/关闭通风系统、降温系统、加温系统、内外遮阳系统、补光系统、加除湿度系统、灌溉系统、肥水系统（图1）。将高新科技与农业生产有机结合进行全程信息化监测控制，实现远程控制。工作人员只要点击鼠标，就能实现对花卉的养护管理。通过对温室进行信息化控制，以达到提高劳动生产率，减轻劳动强度，降低生产成本，缩短生产周期，提高产品质量，增加经济效益的目的。

艾维公司研发的"温室智能化花卉专家管理系统"与国内外同类产品相

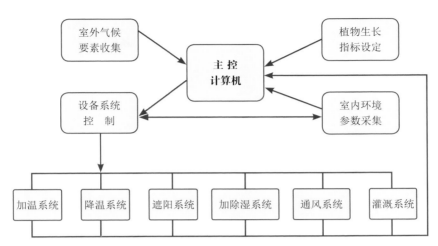

图1　主控计算机控制系统工作原理

比，具有投资少，控制因子多，单台设备控制面积大，专业性强，参数设计精准等优势，适合各种大小不同的种植温室使用。

（三）经济效益

"温室智能化花卉专家管理系统"自2011年11月试运行以来，通过智能化检测控制系统，使温室温度、湿度、光照等要素时刻控制在允许偏差之内，确保温室中的各项环境要素处于花卉生长最佳状态，从而使花卉得到了最佳栽培，缩短了生长周期，运行于经济节能状态。提高产品品质，降低温室能耗和运行成本主要的成效体现在以下几个方面（以6 000平方米的温室，红掌盆花生产为例）。

一是节省大量劳力。以前要雇工8人，现在3人，按每人每年25 000元计算，可节约成本125 000元。

二是缩短生长周期。从小苗到成品的生产周期从15个月缩短到12个月，年产值增加20%。

三是产品优质率从70%提高到90%，年产值增加15%。

艾维公司运行"温室智能化花卉专家管理系统"后（图2、图3、图4、图5），成为杭州地区首个将温室智能化引入花卉种植业的企业，吸引了大批媒体和同行业人员的关注，浙江电视台、杭州日报、今日早报等媒体相继到基地采访和拍摄报道，当地政府也将艾维列为智慧农业示范基地，各部门管理者、各地花卉企业和从业人员等参观者每年达10多批次。到目前为止，艾维公司已向多个企业推广安装该系统20多套，如杭州市农业科学院园艺研究所、杭州远鸿花卉有限公司、杭州正德农业有限公司、杭州秋琴农庄、杭州康城农业科技有限公司等，推广温室面积达20万平方米，提高了设施农业的科技含量，推动了农业产业的健康和持续发展，取得了良好的经济和社会效益。

图2　现场监控

图3　现场智能控制演示　　　　　图4　系统截图

图5　基地现场

德清绿色阳光：温室花卉种植智能环境监控系统

德清绿色阳光农业生态有限公司

一、企业概况

德清绿色阳光农业生态有限公司成立于2007年7月，是一家从事现代农业产业化开发的科技型企业。公司基地位于德清莫干山省级现代农业综合园区，规划总面积1 200亩。现已累计投资5 000余万元，建成500亩工厂化容器育苗项目和300亩精品花卉生产项目。公司旨在以科技农业、生态农业为发展基础，以现代农业示范、传统农业改造、生态环境建设、休闲观光开发和多元经营为长期发展战略，创建以实现"先进农业、生态农村、富裕农民"为宗旨的现代农业综合发展示范区。

公司一期工厂化容器育苗示范项目占地500亩，总投资3 000余万元，已于2006年建成并投入生产运营。该项目是以工厂化、规模化、标准化、品种化等现代设施容器育苗为导向，集品种选育生产、技术应用示范、科研培训推广为一体的景观苗木容器栽培示范基地。项目年规模化生产各类容器苗木2 300万株（盆），产值超过2 500万元。2012年项目实现销售收入1 826万元。

公司二期精品花卉园区项目占地300亩，于2011年初开工建设，截至2016年12月已投资2 300余万元，已建成4 000平方米科技农业展示玻璃温室、15 000平方米标准化花卉温室，1 000平方米科技创新服务中心。

二、物联网应用

（一）基本建设情况

阳光园艺的4个温室大棚面积共有10 000多平方米，全部布设了物联网系统，实现了对大棚空气温度、湿度、土壤、水分、光照度、二氧化碳的自动监测和调控。通过作物本体传感器，还可对叶温，茎秆增长、增粗等花卉本体参数做实时采集。所有数据实时采集后无线传输到服务器，系统软件内置专家决策系统，结合采集的数据，系统自诊断后进行远程自动控制，提供花卉生长最适宜的环境。

（二）物联网应用解决方案

花卉种植智能环境监控系统包括以下几个系统功能。

1.温室大棚智能环境监测系统

在每个花卉温室内安装若干个空气温、湿度、土壤、水分、土壤温度、二氧化碳、光照强度等无线传感器（图1），并为每个大棚配置1个信息传输中继节点。中继节点将前端采集数据通过网络直接上传终端平台。

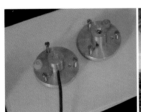

图1　温室大棚智环境监测设备展示

2.花卉本体参数采集系统

用于采集叶温，茎秆粗细等参数，采集的数据通过网络直接上传平台，可以与其他参数指标进行叠加分析（图2）。

3.智能决策控制平台

集成物联网及信息控制技术功能，可对农业生产进行全面管控，登录系统可查看温室实况，并具有温室调控、灌溉、墒情监测、数据查询、报警设置、专家模型、视频监控七大功能（图3）。系统可根据所采集的参数与专家

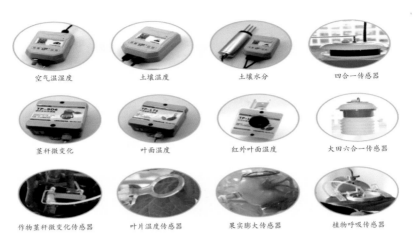

空气温温度 　　土壤温度 　　土壤水分 　　四合一传感器

茎秆微变化 　　叶面温度 　　红外叶面温度 　　大田六合一传感器

作物茎秆微化传感器 　　叶片温度传感器 　　果实膨大传感器 　　植物呼吸传感器

图2 植物本体监测设备展示

系统进行对照分析，做出反馈调控大棚设施，以提供最适宜的生产环境。同时将各数据生成表格显示、曲线显示、柱状图显示，数据可存储，亦可随时调出查看。

图3 决策控制平台

农业物联网云平台（图4）还可以通过中控室内的中控台，即可一键式控制温室大棚内的风机、外遮阳、内遮阳、喷滴灌、侧窗、湿帘等，实现远程管理。

图4 农业物联网云平台远程控制

4.手机APP系统

方便管理人员远程实时查看农场作物生长情况，监控种植环境，即时得到预警，省心管理，开心收获。用户也可以通过手机APP控制大棚的浇水、施肥、通风、补光灯等的操作（图5）。

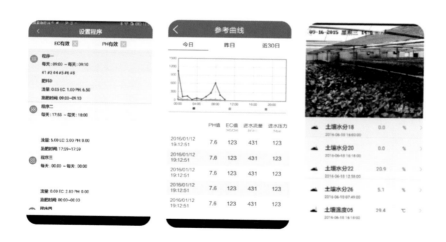

图5 手机 APP界面

5.视频监控系统

通过高清摄像设备，远程实时查看农场内部各种设备的运行状况、施肥灌溉过程、作物生长情况，实现对园区运转情况的远程监管（图6）。

图6　监视效果展示

（三）经济效益

安装物联网系统前，要每天跑到大棚里人工监测各种数据，尤其是夏天，中午要随时管着大棚，一旦失控，温度突增，花卉生长会受到严重的影响，甚至枯萎。花卉种植智能环境监控系统实现了环境调控的自动化，给花卉种植带来了管理效率的提升，人力资源、生产资源的双重减负，1个人可以承担过去4个人所干的工作，大大减轻了劳动强度，提高了生产效率。

通过系统调控，为花卉生长提供了最适宜的生长环境，花卉生长速度和花卉品质都有大幅提升。实现年盈利200余万元。

（四）实施亮点

环境自动监测调控；花卉本体参数的监测；系统软件内置专家决策系统，结合采集的数据，系统自诊断后进行远程自动控制，调节和提供花卉生长最适宜的环境；节约增效显著。

海宁虹越：花卉智能化管理

浙江虹越花卉股份有限公司

一、企业概况

浙江虹越花卉股份有限公司于2000年8月29日注册成立，2014年1月24日在全国中小企业股份转让系统挂牌，股票代码：430566，股票简称：虹越花卉。公司所在地：浙江省海宁市长安镇褚石村金筑园1号。

虹越花卉以"创新园艺空间，分享花园生活"为新的发展战略，作为一家具有整合全球园艺植物优势能力的综合性园艺公司，我们正在努力建设以面向花卉园艺连锁零售需求的园艺植物为核心产品的强大的供应能力，以花园中心、互联网为终端优势的产销融合体为特征的中国最领先的花园中心零售企业和花园产品提供企业，从而实现让植物以相伴目的走入寻常百姓家的使命。

二、物联网应用

（一）智能化管理平台建设

项目建成的花卉智能化管理系统运用新一代无线通信技术和物联网智能化应用技术，打造"智能花卉"，实现对企业生产过程的现代化、智能化、远程化管理。实现对农业大棚内育苗大棚的作业环境（空气温湿度、二氧化碳浓度、光照、土壤温湿度等）进行实时动态监测和远程智能化管理，并实现大棚设施的自动化控制、辅助智能分析（图1）。

图1　基地现场

（二）主要建设内容

（1）引进授权可繁育新品种11个，其中9个花坛花新品种、2个国兰（春兰）新品种，另外引进8个庭院观赏植物新品种。

（2）开发出花坛花、国兰及庭院观赏植物适宜的栽培介质及庭院观赏植物栽培繁殖装置。

（3）开发出花卉智能化管理平台，实现对农业大棚内育苗大棚的作业环境（空气温湿度、二氧化碳浓度、光照、土壤温湿度等）的实时动态监测和远程智能化管理，并实现大棚设施的自动化控制、辅助智能分析。

（4）针对花坛花、国兰及庭院观赏植物进行智能化制种体系研究，形成了三色堇和石竹的2个智能化制种的标准化操作规程企业标准。标准规定了杂交亲本隔离、杂交授粉及种子采收等杂交制种过程中的智能化操作程序。

（5）建立了现代化设施生产制种研究区12亩，新品种智能化制种示范区70亩。

（6）建立了科技示范户制度、技术推广制度，指导农户生产。

（三）经济效益

2012—2014年，该项目向市场销售新优花坛花种子150 000余万粒，新增产值1 823.72万元；向市场销售新优苗木1 356.17万元，合计新增总产值3 179.9万元。此外，智能化育种技术应用直接带来的经济效益主要体现为：一是节能效益。通过智慧系统提高温室内温湿度控制精度，而温湿度变化与建筑设施节能有着紧密的相关性，普通温室大棚由于没有安装智能传感系统，往往产生温湿度过高或过低现象，浪费电、水、燃油等能耗较多，而采用自控系统的智能温室，湿度精度达4.5％RH，温度精度0.3℃，温度分辨率0.01℃，监控外部气候参数并可按照设定自动调节温湿度，耗能量节省高达20％以上。二是减少人力成本，提高生产力。通过远程监控大棚状况，不需要人工值守，可降低劳动成本，利用花卉智能化管理平台追溯植株生长条件，提供病虫灾害、作物状态评估，同品种植物根据长势找出优化的生长模型，提高植株品质，种苗合格率提高10％，产量提高30％。

（四）实施亮点

1. 生态效益

该项目采用以泥炭为主要生产资料的基质栽培，基质通过蒸气消毒可以循环使用，一方面减少了泥炭资源的浪费，另一方面基质栽培杜绝了土传病害的传播蔓延。这样就减少了无公害农药的使用次数，从而减少了对环境及水体的污染。同时，项目实施过程中对灌溉水源质量进行定时检测，生产设施场地远离污染源，这样对保护生态环境也极为有利。

另外，该项目所生产的花卉新品种可大面积地栽而形成独特的园林景观，用于公共绿化。可作花坛、花境及岩石园的植株材料，还可作盆栽供室内装饰，对改善生态环境和提高人们居住环境绿化水平有很大的促进作用。

2. 社会效益

该项目的实施，产生的社会效益主要体现在3个方面。

（1）充分体现了科技兴农的特点。公司以"公司＋农户"模式重点针对花卉制种、智能化高新技术栽培技术领域开展相应培训和现场指导，开设5期培训班，培训人员200名，提高了农户的从业水平，为农户的增产增收提供了有效途径。

（2）项目实施阶段，因新建95亩技术集成示范推广基地，一方面无偿提供新优种子种苗原材料给农户订单生产，配套提供设备和技术，成品由公司统一回购集中销售，降低了农户从业风险，直接促进200户花农增收615.2万元，另一方面每年需新吸纳10名以上农村剩余劳动者，通过工资性支付增加劳动者收入12万元。

（3）指导种植户进行生产。通过花卉种子种苗的产品质量的提高，提高产品效益，通过公司的销售网络帮助农户促其产品远销海外，实现出口创汇，节汇100万元，增加了经济效益。

海盐九丰：温室育苗实时智能化控制系统

海盐九丰农业科技有限公司

一、企业概况

海盐九丰农业科技有限公司成立于2013年11月，是一家专业从事现代农业产业化开发的科技型企业。公司基地位海盐县凤凰省级现代农业综合园区，主要经营水稻、蔬菜、育苗、瓜果，进行农业新产品开发。注册资金415万元。流转土地890亩，涉及2个镇（街道）4个村（社区）的4个种植基地，其中：粮经轮作区645亩，设施蔬菜大棚区80亩，设施精品葡萄园150亩，现代化育苗基地及县级新品种示范区40亩。拥有生产性用房近1 000平方米。固定资产近1 000万元。每年产值达到550万元，实现利润65万元。现已累计投资1 300余万元。公司旨在以科技农业、生态农业为发展基础，以现代农业示范、传统农业改造、生态环境建设、休闲观光开发和多元经营为长期发展战略，创建以实现"先进农业、生态农村、富裕农民"为宗旨的现代农业综合发展示范区。育苗中心拥有智能化先进育苗床6 100平方米，总投资350万元，育苗能力在嘉兴居首、浙江省前五。全年能育苗可达到1 200万～1 500万棵，供应种植蔬菜面积6 000～7 000亩，为嘉兴市五县一区乃至江苏、上海大批种植户提供各类蔬菜苗。2015年，公司为种植户育苗50多户。二期育苗扩建项目占地8亩，总投资3 200余万元，计划在2017年年建成并投入生产运营。该项目立足以工厂化、规模化、标准化、品种化等现代设施容器育苗为导向，集品种选育生产、技术应用示范、科研培训推广为一体的景观苗木容器栽培示范基地。项目年规模化生产各类容器苗木

700万株（盆），产值超过105万元；到2017年，育苗中心年总产值达到400万元，销售收入350万元。

二、物联网应用

（一）基本建设情况

海盐九丰农业科技有限公司育苗温室智能化控制系统建设项目自2015年2月启动，已累计投入550万元，完成泵站、管理房等基础设施的建设，完成对育苗中心6 100平方米生产温室智能化控制系统安装，配套26台套温室环境因子监测、生长条件监控等设备和中央控制系统建设，并通过借助物联网软件管理系统，对育苗生产温室内光照、温度、湿度、二氧化碳浓度等环境因子进行实时监测，初步实现了对育苗温室的智能化调控（图1）。

图1　基地现场

（二）物联网技术

根据现场4个温室的数量，相应配置每个温室各一个360°可旋转数字视频高速球，面积超出3 000平方米的可考虑安装一个以上的高速球。安装在尽量离风机工作时所产生震动范围以外的可固定的主梁上。

（三）实施亮点

海盐九丰农业科技有限公司通过积极建设并运用育苗温室智能化控制系统，创新建立了对温室育苗生产环境的智能感知、智能预警、智能决策、智能分析、专家在线指导的全新栽培管理模式，具有积极的推广价值；项目的实施还真正实现了花卉生产过程的标准化、信息化、可视化、精准化管理，在节能降耗、控制成本、提升品质等方面，都作用明显；据初步估计，新项目的实施，年创经济效益将超过45万元。

杭州鸿越：种子种苗智能化培育模式

杭州鸿越生态农业科技有限公司

一、企业概况

杭州鸿越生态农业科技公司是一家集科研、种子种苗、产业开发为一体的科技型企业，成立于2012年3月。公司注册资本508万元。2013年被评定为杭州市"雏鹰计划"企业，同年12月被评为浙江省科技型中小企业。2014年，公司成功申报国家科技部中小企业创新基金。2015年被杭州市农业局评为"杭州市智慧农业示范园"。为加快本企业农业产业结构调整，促进其从"生产型"转型成"研发＋生产型"，提升现代农业生产管理与科技水平，公司从2012年就开始探索农业物联网技术的引进、消化与研发利用，建成了水培花卉生产物联网生产基地，先后聘请了浙江大学、浙江农林大学、浙江理工大学、浙江农科院、杭州职业技术学院的专家学者担任公司的相关技术顾问，组建研发团队，使智慧农业生产、科研开发水平具有较高的起点，并在技术上形成了可持续竞争力。2014年新扩建基地先后投资500余万元，目前已建成基地210亩，其中智能化温室大棚10 000平方米、管棚25 000平方米。

二、物联网应用

(一)基本建设情况

1.总体架构

系统的总体架构分为传感信息采集、视频监控、智能分析和远程控制四部分。

2.系统架构(图1)

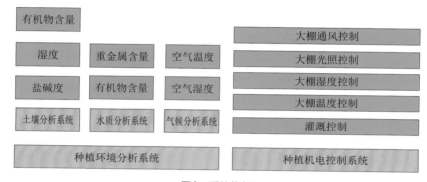

图1　系统构架

3.系统组成(图2)

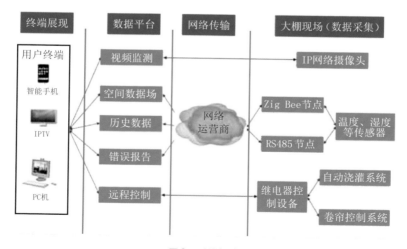

图2　系统组成

（二）物联网应用解决方案

1. 数据采集系统

主要负责温室内部光照、温度、湿度和土壤含水量以及视频等数据的采集和控制。

2. 视频采集系统

该系统采用高精度网络摄像机，系统的清晰度和稳定性等参数均符合国内相关标准。

3. 控制系统

该系统主要由控制设备和相应的继电器控制电路组成，通过继电器可以自由控制各种农业生产设备，包括喷淋、滴灌等喷水系统和卷帘、风机等空气调节系统等。

4. 无线传输系统

该系统主要将设备采集到的数据，通过3G网络传送到服务器上。

5. 数据处理系统

该系统负责对采集的数据进行存储和处理，为用户提供分析和决策依据。用户可随时随地通过计算机和手机等终端进行查询。

（三）社会经济效益

1. 技术经济效益

通过智慧示范园的建设，为企业开展现代农业生产及产业铁皮石斛研究注入了新活力。公司通过努力获得了两项实用专利和一项软件著作权，大大地推动了技术进步，新技术应用普及，增加了种植效益，降低了劳动强度，提高了生产效率，推动产业向自动化、信息化、智能化方向发展。全面提升了产业档次，为铁皮石斛、花卉、种子种苗产业做大、做强提供了扎实的基础。为周边现代农业产业发展提供了信息技术应用样板，有利于现代农业的进一步发展和技术升级。

2. 社会经济效益

通过智慧示范园的实施，公司近几年来产量、产值都有了年50%以上增长，企业效益明显提升。其中通过智慧农业实施仅劳动成本一项就可降低30%左右，生产加工环节实现可视化管理后，劳动者责任心、劳动生产效率提高较为明显，产品质量和成品率上升，较大幅度提效节支，实现了铁皮石斛丰产高效优质（图3）。提高了设施中药材生产管理的数字化、自动化、智能化水平及核心竞争力，促进了设施中药材生产加工方式升级，同时对促进农业增效、农民增收和农村发展产生了积极作用。

图3　基地现场照片

（四）实施亮点

公司智慧农业示范园，是以物联网技术实现网内数据交换，实现基地生产管理人员方便有序地参加各项生产的协同工作，提高工作效率。

智慧示范园内的铁皮石斛组培区、驯化栽培区、种植资源保存与精品盆栽区及种子种苗区智慧农业系统同时引入实时监控管理的理念，实现各种信息资源的即时采集和共享，即时通过智慧云平台进行远程管理监控，并设有智能预警功能，结合农业系统模型开发，全面实现了名贵药材及园区作物生产的精确管理和全产业链追溯，实现了智慧农业生产模式的创新。

杭州飞泽:"互联网 +"现代工厂化育苗案例

杭州飞泽农业科技有限公司

一、企业概况

公司成立于2011年4月,共承包土地100亩。公司本着"科技育苗,服务'三农'"的理念为全国各地的广大农户服务。2013年,公司被杭州市科学技术委员会评为"杭州市高新技术企业",拥有多个国家专利。

随着公司的不断成长和品牌的提升,相继有比利时和德国的农业专家来公司做农业指导,在育苗技术上走出了一条自己的崭新的道路。在保证育苗质量的情况下降低成本,将更多的利润留给农户,将更多的新品种提供给农户。2015年的育苗量达到9 000万株以上,目前除香港、澳门、台湾外,全国其他省份都有公司提供的种苗,产量目前是位居浙江省第一。

近3年来是公司发展最快的时间段,在从以前的全手工发展到现在的全自动智能化过程中,每年资金投入都超过200万元。

二、物联网应用

(一)基地建设情况

目前拥有智能连栋大棚面积增加到近15 000平方米(图1),新增自己的小型气象站1套、全自动大棚中央智能控制系统1套(图2)。拥有全自动流水线播种机1套(目前世界最先进模式)、智能化移动喷灌系统6套、半自动播种机1台、地源热泵清洁能源加温系统10套、智能催芽室5间、花卉锅炉加温设施1套、加温暖风机12台套、进口专业施肥器8套等。

图1　基地现场　　　　　　　　　　　　图2　现场设施

（二）技术应用解决方案

生产过程中面临的问题：第一，种苗生产过程中原始积累的各方面经验数据越来越多；第二，生产大棚面积不断增加；第三，种苗生产区块分布点大量增加。在工厂化育苗过程中产生的数据量越来越大，光靠人工已经无法及时有效地处理的情况下，公司根据"互联网+"的方式，以云计算、物联网等信息技术合理处理大量数据并下达正确的指令已达到最合理有效的工厂化育苗的气候温室条件（图3）（注：图例绿色箭头表示公司已经成熟有效完成任务，空心箭头表示目前已有功能，蓝色箭头表示下一步需要连接并实现统一系统指令的目标）。

公司初步实现"互联网+"的方式后在大量育苗的情况下，能从容应对在生产过程中出现的各种问题，种苗质量在产量大幅提高的情况下，不但没有下降，还有了一定程度的提高。

（三）经济效益

在植物育苗工厂中，育苗工厂环境智能管控系统通过智能调节温度、湿度、光照度、二氧化碳浓度以及土壤等环境因子，为种苗生长创造最佳条件。育苗工厂内作物的生长，一方面取决于自身的遗传特性，另一方面取决于外界环境条件。该项目实施过程中对各环境因子实行智能管控来达到作物的最佳生长条件，效果很好。

通过"互联网+"的方式的发展趋势，项目可开发的内容强大，界面人性化的APP客户端等，可以对植物育苗工厂进行远程管控。

公司在该项目实施前的年产值约3 000万株/年发展到2015年的9 000

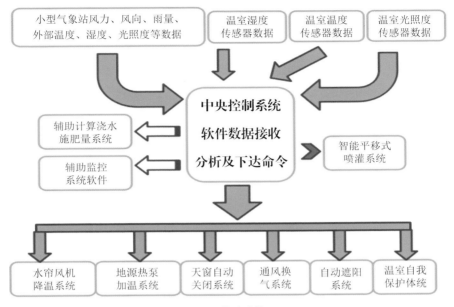

图3 技术路线

万株/年以上。该项目实施前全靠人工管理，在3 000万株的产值的情况下需要多个资深技术员工来管理，而且还会手忙脚乱，并且容易出错。而现在在9 000万株以上的产值的情况下公司只需要1个技术员工管理便绰绰有余，并且种苗质量漂漂亮亮，令客户赞不绝口。

宁波海通时代：设施农业智能化控制系统

宁波海通时代农业有限公司

一、企业概况

宁波海通时代农业有限公司成立于2011年1月，隶属于农业产业化国家重点龙头企业——海通食品集团，是海通集团进入农业上游行业的重要窗口与平台。公司位于慈溪市龙山镇现代农业示范区，拥有核心基地1 200亩。企业法人毛培成，拥有各类专业化管理人员26名。海通时代农业是一家集现代化种子种苗、农业机械社会化服务、现代健康果蔬栽培、农业技术研究、智慧农业及农业观光体验于一体的综合型农业企业。

2013年，公司在300亩设施栽培区引入物联网控制技术，在650亩喷灌、滴灌设施区安装智能化喷微灌施肥系统，推行农业数字化管理，提升科技含量，引导和推广精准农业。

时代农业拥有国内先进的生产设施（育苗流水线及以色列喷滴灌设施）和生产理念，在农业开发及生产示范领域具有较强的示范效应和引领作用。2011年公司通过无公害和GAP认证，被宁波市科技局认定为宁波市第6批"星火示范基地"；2012年12月以宁波市排名第一的高分通过农业部蔬菜标准园验收；2013年时代农业黄秋葵通过绿色食品认证，绿花菜被评为宁波市名牌农产品；2014年3月通过宁波市"菜篮子"基地验收。农场自建成以来，省、市、县各级领导，业内同行都曾专程参观考察。截至目前，基地已接待国内外友人300多批5 000多人次。

二、物联网应用

（一）基本建设情况

　　时代农业示范区位于慈溪市龙山中横线以北，沿范公路以东，庄黄河以西区块，面积3 150亩，涉及海甸戎、新东、王家路、双马等4个行政村。该区域土壤质地优良，地面平整，沟、渠、路等基础条件较好，排灌水力、电力等方便，周边环境好，无工业污染，适合现代蔬菜种植。时代农业与江南大学、浙江大学、浙江省农业科学院、宁波理工学院等科研院所展开合作，引进与推广西兰花、紫甘蓝、紫薯、松花菜、黄秋葵、毛豆等国内外新品种50多个，引领当地蔬菜种植业在品种、技术等方面的示范；进行"节水喷滴灌技术""无害化处理技术""防虫网覆盖减虫栽培技术""测土配方施肥栽培技术"和"全程机械化"等技术应用与示范。2013年，与浙江大学、浙江省农业科学院合作研发的绿花菜新品种"海绿"通过审定。

　　时代农业集成了物联网技术、太阳能技术、3G网络技术、3D虚拟技术等新技术，完成了对农产品全生命周期的智能管控，实现生产现场实时监控、质量可追溯、食品安全有保障、能源可循环利用的高级绿色农业管理模式（图1）。从农业生产的整个生命周期中全面采用最新的科学技术，重塑人

物联网系统

工厂化育苗

智能温室

太阳能供电系统

图1　现场实地

们对食品安全的认识和信心，给未来的农业发展指明了一条可持续发展的新出路。从种子、土壤分析、环境监测、生长情况监控和记录、施肥和施药等种植信息记录、采摘前和加工前检验数据等整个农产品生命周期进行智能管控。

（二）物联网应用解决方案

物联网系统功能机作用可以分为五大区块。

1.温室视频监控系统

根据现场及各个温室配置的360°可旋转数字视频高速球，在种植场地安装了14个高清数字视频高速球，给生产管理及作物病虫害的预防带来了非常大的益处。

2.温室环境信息采集系统

在温室大棚内安装空气温湿度传感器和土壤温湿度等传感器。所有传感器均采用WSN自组网免运营费的模式无线发送模式，并采用目前最先进的低功耗锂电池供电方式，配置可移动的安装支架方便摆放和设备位置移动。还配备了一个小型气象站，随时可以与温室内外的环境进行对比。

3.农场现场控制系统

农场具有4个46吋拼接的大屏幕显示系统，实时采集的环境数据，可以连续不断地进行记录显示，并且设置了预警系统，可以提醒管理人员加以调控管理。

4.后台软件控制系统

针对不同的种植品种及不同的生长季节，需要控制的区域可以设置配套的管理参数，软件支持数据统计、查看、分析，还可以异地控制，支持TP地址互联网访问，并支持多用户同时访问。同时支持手动控制和自动控制功能，这样能更好地解决天气多变化的问题。

5.中央控制室平台

中央控制室作为对外的窗口以及接待领导参观的重要场所，同时也是一个小型会议室，有总控机、大屏幕LDE显示终端、计算机显示器等。

（三）经济效益

（1）360°可旋转数字视频高速球和14个高清数字视频高速球，给农场生产管理及作物病虫害的预防带来了非常大的益处。它可实时地监测植物的长势情况及病虫害发生情况，方便技术员针对实际情况开展水肥管理和病虫害防治，提高了管理效率和精准度。由于实现了可视化管理，创新了销售模式，能够实现客户在线订购，在方便客户选购的同时，公司的销售管理费用同比节省20%。

（2）温室环境实时查询和自动控制。建立了智能化控制中心，配套一个中央控制平台和显示屏幕，通过控制柜的液晶显示屏，在工作现场查询温室的环境因素，并利用标准化参数设定控制温室风机、湿帘、外遮阳、内保温以及加温锅炉等设施，实现精准调控，大大减少了电耗，直接节省成本超过10万元。

（3）农业物联网的有效应用。通过设定作物的最佳生长环境因素，依托物联网软件系统，根据设定的指标完成对温室设施设备的自动调控，支持报警功能，确保安全生产。还建立了Internet访问系统的IP地址，通过授权的用户可以在任何时间、任何地点来查看环境数据、视频系统和控制平台，便于开展专家网络会诊，大大提高了公司农产品的生产品质，销售价格也明显提高。

（四）实施亮点

时代农场集成了物联网技术、太阳能技术、3G网络技术、3D虚拟技术等新技术，完成对农产品全生命周期的智能管控，实现了生产现场实时监控、质量可追溯、食品安全有保障、能源可循环利用的高级绿色农业管理模式。在农业生产的整个生命周期中全面采用最新的科学技术，重塑人们对食品安全的认识和信心，给未来的农业发展指明了一条可持续发展的新出路。对种子、土壤分析、环境监测、生长情况监控和记录、施肥和施药等种植信息记录、采摘前和加工前检验数据等整个农产品生命周期进行智能管控。

温州桑德拉：铁皮石斛种苗生产应用模式

温州桑德拉花木苗科技有限公司

一、企业概况

温州桑德拉花木苗科技有限公司成立于2013年3月，是一家专业从事现代农业产业化开发的科技型企业。公司坐落于楠溪江山脉瓯江旁的乌牛街道新庄村，规划总面积1 000亩。是由永嘉县乌牛街道与温州市桑德拉自动化科技有限公司响应永嘉县人民政府"永商回归"工程招商引资的企业。公司响应国家有关企业转型发展农业、保护环境实行以工辅农的号召，利用杂地、荒山、劣质农田创建生态种植基地。公司旨在以科技农业、生态农业为发展基础，以现代农业示范、传统农业改造、生态环境建设、休闲观光开发和多元经营为长期发展战略，创建以实现"先进农业、生态农村、富裕农民"为宗旨的现代农业综合发展示范区。

公司以种植为主，集合农业观光休闲、农业科教、家庭菜园的经营模式，引入高科技数字化技术，研究发展树苗快繁、气雾栽培、水雾综合培育等项目。大力推广空中立体休闲农业，弥补被住宅、工业厂房占用的农田，生产绿色有机无公害食品，实现农业工厂化、数字化生产，使农民步入白领化，为发展都市农业做出了贡献。

公司一期示范项目占地501亩，其中种植铁皮石斛60亩，红豆杉400亩，桑葚、野菜等药用植物41亩，累计投资635万元。已于2013年建成并投入生产运营。

目前，投资706万元，以生态循环农业为实施内容的第二期项目已开始建设，目前已完成3 000平方米的废弃空地平整，钢化大棚已进场施工。

　　基地拥有国内先进的生产设施和生产理念，在农业开发领域具有较强的示范效应，是省级红豆杉开发应用示范基地，铁皮石斛、红豆杉等产品通过瑞士SGS公证检测机构的认证，并连续多年被评为中国绿色环保名优产品。公司入编商务部《新农村商报》"浙江百佳农业龙头企业"专题，是温州市农民培训实训示范基地之一。公司还是温州农业创业联合会牵头单位，建有农业科技研发中心。基地自建成以来，省、市、县各级领导，业内同行都曾专程参观考察，截至目前，基地已接待国内外友人100多批1 000多人次。

二、物联网应用

（一）基本建设情况

　　"桑德拉物联网智能农业监控系统"建设项目自2013年10月立项启动，已累计投入100多万元，完成泵站、控制室、营养池、喷灌系统等基础设施的建设，完成园区30 000多平方米的温室大棚、简易大棚的智能化控制系统安装，配置了20多套温室环境因子监测、生长条件监控等设备和中央控制系统，并通过借助物联网软件管理系统，对生产温室内光照、温度、湿度、二氧化碳浓度等环境因子进行实时监测，初步实现了对温室的智能化调控（图1）。

图1　实地图片

（二）智能温室控制系统组成

1.温室视频监控

根据现场温室的数量，每个温室相应配置一个360°可旋转数字视频高速球和高清数字枪机。

2.温室环境信息采集

根据基地现场温室分布情况，种植温室各安装放置1套二合一或六合一无线传感器，采集环境信息。所有传感器都采用无线网络免运营费的模式无线发送，采用可移动的安装方式，根据实际情况选择采集点。

3.基地现场控制系统

现场种植温室大棚、简易大棚均能达到本地和异地控制的功能效果。装置分体式自动控制柜，可现场手动操作，也可通过现场液晶触摸屏操作，温室的实时采集的环境数据均可实时传输显示。由于采用分体式无线连接大大简化了布线工捏，又可以按基地大小选择装机数量，降低了投资成本。

4.后台控制软件系统

软件平台的界面可根据客户的需求或是提供的相应规格的图片来进行人性化设计，从而可以与客户的企业文化或者是基地的规划情况相结合（图2）。

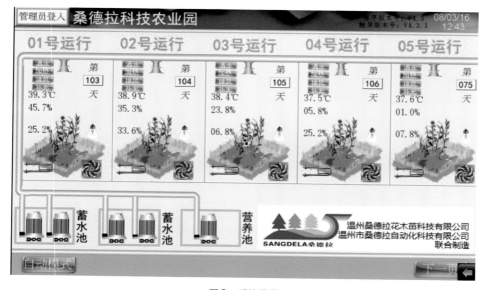

图2　系统截图

5.控制中心

控制中心作为整个温室智能控制系统的核心，起着调控全局的作用。它对整个园区内的弱电设备进行控制和指挥，进行统一管理和维护，实时监控作物生长情况。

（三）智能温室控制系统功能

该设备主要应用于温室大棚环境的自动控制，由控制洒水、排风机、补光灯、天窗、外遮阳网、内遮阳网和加热管等部件构成，创造满足植物的生长需求的条件，并采用物联网功能通过互联网实现信息的互联与共享。

该设备是一种基于互联网传输的智能农业远程控制系统，目的在于提供一种基于互联网传输的智能农业远程控制系统，借助物联网利用智能手机、个人计算机对设施农业大棚中的温度、相对湿度、pH值、光照强度、土壤养分、土壤温度、土壤水分、二氧化碳浓度等物理参数进行实时监测、数据保存和调控，保证农作物有一个良好的生长环境。互联网远程控制的实现，使技术人员在任何地方就能对多个区域的环境进行监测控制。采用网络来测量获得作物生长的最佳条件，可以为温室精准调控提供科学依据，达到增产、改善品质、调节生长周期、提高经济效益的目的，并极大地方便了设施大棚的管理。

（四）经济效益

温室智能化控制系统建设项目的实施，初步实现了：

（1）温室内部环境因子的实时监测。通过布置在温室内部的无线传感器，自动采集温室的种植环境（空气温湿度、土壤温湿度、光照强度、室内二氧化碳）数据，并发送到计算机上为技术员提供及时的、准确的植物生长环境，专家、技术员从而准确的判断、设定数据实现全自动化运行、调整温室内的即时环境条件。减少了由员工凭感觉、凭经验操作遮阳网、通风、喷水、施肥、除虫等高强度、高风险的劳动。并实现了相关技术参数的自动实时储存记录，初步估算节省了约70%的劳动力。

（2）温室内部安全生产及作物生长监控。通过每个温室各安装1套视频监控系统，实时的监测植物的长势情况，以及发现病虫害。方便技术员针对实际情况开展水肥管理和病虫害防治，提高了管理效率和精准度。而且由于实现了可视化管理，创新了销售模式，能够实现客户在线订购，客户可以在实体店，观察基地植物情况，在方便客户选购的同时，公司的销售管理费用同比节省20%。

（3）温室环境实时查询和自动控制。依托在园区生产管理中心建立智能化控制中心，配套一个中央控制平台和显示屏幕，通过控制柜的液晶显示屏，在工作现场查询温室的环境因素，并利用标准化参数设定控制温室风机、湿帘、外遮阳、内保温以及加温锅炉等设施，实现精准调控，大大减少了水、电能耗，直接节省成本超过20万元。

（4）农业物联网的有效应用。通过设定作物的最佳生长环境因素，依托物联网软件系统根据设定的指标完成对温室设施设备的自动调控，支持报警功能，确保安全生产；而且还建立WEB访问系统的IP地址，通过授权用户可以在任何时间、任何地点来查看环境数据、视频系统和控制平台，便于开展专家网络会诊。大大提高了公司产品的生产品质，销售价格也明显提高。

（5）创新建立了对温室生产环境的智能感知、智能预警、智能决策、智能分析、专家在线指导的全新栽培管理模式，具有积极的推广价值。项目的实施还真正实现了生产过程的标准化、信息化、可视化、精准化管理，在节能降耗、控制成本、提升品质等方面作用明显。据初步估计，新项目的实施年创经济效益将超过50万元。

宁波世纪华厦：植物组培及种植智能化控制系统

宁波世纪华厦现代农业发展有限公司

一、企业概况

　　宁波世纪华厦现代农业发展有限公司（原宁波华厦现代农业发展有限公司）位于奉化市郊西坞街道五小村，成立于2008年8月，是一家以植物组织培养研究和产业化为主要方向，以优质农业新品种引入与驯化、农业生物技术创新研究、农业科技成果转化示范、推广服务为业务范围的有限责任公司。

　　公司占地50余亩，拥有符合国际标准的组培生产中心8 000多平方米、智能温室10 000平方米；建有130多亩的铁皮石斛生产示范基地，硬件条件和生产规模均属国内领先。公司在铁皮石斛、白芨、多花黄精、苹果砧木、兰花等领域进行技术研发，为企业的可持续发展奠定了雄厚的技术基础。目前，公司年产铁皮石斛1亿株，年产其他作物组培苗1 000万株；种植铁皮石斛驯化苗200多万丛。瓶苗销往浙江、云南、广东、广西壮族自治区、江西、江苏等地，技术带动农户种植2 000余亩。

二、物联网应用

（一）基本建设情况

1.建立组培室环境控制与生产管理系统

　　自2012年以来，投入150万元，完成了10 000平方米温室大棚、2 500

平方米组培室的智能化控制系统安装，配置了70套空调遥控模块，34套温湿度监控模块及相应的光照、二氧化碳等监测模块，遮阳网控制系统，风机水帘控制系统。通过这些信息化设备，对铁皮石斛等植物组培苗室内温湿度、光照、二氧化碳浓度等环境因子进行实时监测，对温湿度进行智能化控制。通过控制遮阳网，风机水帘对温室大棚的光照强度温湿度达到监控及远程调节。

　2.建立铁皮石斛种植管理的智能化控制系统

　　通过精品园项目，公司投入40余万元，完成了基地的智能灌溉、水肥一体等系统的安装。配置了1套杀虫杀菌设备、农残快速检测设备、自动喷灌设备。

（二）项目现场的实施方案及系统设计方案

　1.组培室环境控制与生产管理系统实施方案

　（1）温控系统。温度控制系统主要用来为组培室提供良好的温度湿度环境（图1）。系统提供4个时间阶段，可以根据组培不同的生产阶段选择不同的环境控制策略。

　（2）光照系统。主要用来为组培室增加光照，系统提供了4个时间阶段，可以根据组培不同的生产阶段选择不同的环境控制策略，设置的内容包括一整天中时间阶段的设定；补光灯的开启方式选择，包括左排或右排的开启或关闭。

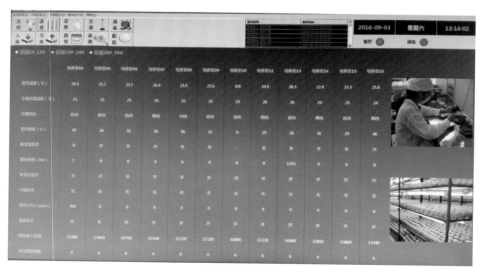

图1　培养室温湿度控制系统

（3）组培生产管理系统。组培苗生产过程基本固定，且有国内地方和行业标准为指导。该系统提供了比较规范的生产模式和流程。整个生产过程可以采用扫描设备实现单个操作和批量操作，极大地节省了人力和物力。主要流程包括入库、生产过程的工艺操作、出库和追溯查询。

（4）远程监测组培室环境。组培环境与生产管理系统支持远程监测功能。管理人员通过手持设备、平板计算机等访问组培环境与生产管理系统。在园区内敷设无线网络，手机或手持平板计算机接入WIFI、3G等网络后，上网输入用户名和密码，登录园区监控系统，便可查看组培室的温湿度、光照、二氧化碳等参数，了解组培室小气候环境信息。

（5）大棚温湿度调节系统。通过在大棚的不同角落放置温湿度感应计，根据设备传到计算机中的数据，可远程控制大棚水帘，风机，遮阳网的开启和关闭。

2. 种植基地生产管理系统实施方案

（1）杀虫灯。通过灯光诱捕各种害虫，通过收集各阶段的虫害数量，为技术人员监测和喷药的方案提供依据。

（2）农残快速检测系统。对有机磷、氨基甲酸酯类农药残留进行快速检测；64个通道可同时也可单独检测。

（3）水肥一体灌溉系统。水肥一体化智能灌溉系统由上位机软件系统、区域控制柜、分路控制器、变送器、数据采集终端组成，通过与供水系统有机结合，实现智能控制。通过操作触摸屏进行管控，控制器会按照用户设定的配方、灌溉过程参数自动控制灌溉量、吸肥量等重要参数，对灌溉、施肥进行定时、定量控制。

（三）经济效益

通过这几年对智能系统的使用，初步实现了以下几点。

1. 节省人力

在组培生产车间，每个培养室都配备温湿度传感器及空调控制器，不仅能实时监控培养室内部环境因子，而且能根据设定调节其温湿度。以前，每天必须有人去各培养室调节空调的开关来调整室内温度，而且一天之中温度随时变化，必须随时调节，随时记录每个时间段的温湿度变化情况。有些培养室是晚上开灯，夜里需安排值班人员进行调节。有了智能控制系统，培养室可以减少2个人工。种植基地就更加明显了，100多亩地，光浇水施肥就得将近20人，有了智能灌溉系统，只要一按按钮，分片区浇水，分片区施肥，四五个人就能轻松搞定。

2. 提升品质

组培苗是在人工的环境中生长的，其生长的好坏，外界环境有比较大的影响。一般最佳生长温度为25~28℃，人为去控制只能查看每个房间的温度计，对空调进行调节。培养室的智能系统，在每个培养室内安装温湿度感应器，根据设定的温湿度，随时调节空调的温度及出风量，使室内基本保持恒定的温度，而且自动的数据采集及记录功能，能帮人们更好地对每种植物各个阶段生长进行最适调节，大大提高了种苗的成苗率。

3. 降低成本

配套一个中央控制平台和显示屏幕，通过控制柜的液晶显示屏，在工作现场查询温室的环境指标，并利用标准化参数设定控制温室风机、湿帘、外遮阳、内保温以及加温锅炉等设施，实现精准调控，大大减少了天然气、电能的消耗，降低了企业生产成本。

4. 提高效率

目前，智能系统还可以通过手机端查看各培养室的温湿度情况，使得管理更加方便。种苗追溯系统可以更好地把握不同品种的种质去向。规范化管理，提高了生产效率。

（四）实施亮点

宁波世纪华厦现代农业发展有限公司通过积极建设并运用植物组培和种植管理智能化控制系统，创新建立了对培养室、温室和种植基地生产环境的智能感知、智能预警、智能决策、智能分析的全新栽培管理模式，具有积极的推广价值。项目的实施还真正实现了种苗生产和种植过程的标准化、信息化、可视化、精准化管理，在节能降耗、控制成本、提升品质等方面都作用明显。每年节省人工15人左右，种苗的成苗率和优良率提高10%左右。企业每年节本增效约200万元。

兰溪孟塘果蔬：育苗中心智能监测远程控制与信息发布技术

兰溪市孟塘果蔬专业合作社

一、企业概况

兰溪市孟塘果蔬专业合作社位于浙江西部兰溪市永昌街道，离杭金衢高速公路游埠入口处4千米。合作社成立于2005年3月，入股社员228户，带动周边农户800多户。建有温室大棚120亩、省级无公害蔬菜基地1 300亩，种植面积5 000多亩。合作社涵盖周边乡镇9个行政村，主要品种有黄瓜、四季豆等多种反季节蔬菜。合作社先后获得浙江省示范性农民专业合作社、金华市规范化三星级农民专业合作社、金华示范性农民专业合作社、兰溪市规范化农民合作社等荣誉称号。

合作社工作定位于服务社员，强化带动，提高效益。以质量、安全为首要任务，在生产环节上严格按照无公害农产品生产规程，建立科学的生产模式，并注册"孟塘"商标，由合作社统一销售。合作社拥有占地面积2 500平方米的收购场地，占地130平方米、面积550平方米的合作社综合楼，社员培训中心、农产品农药残留检测室等设施。产品在浙江7个地级市有销售网点，远销到福建、江西、江苏、上海等地。

合作社将"夯实设施建设、提高蔬菜品质、创新营销理念、改善市场交易环境"作为发展壮大的核心任务。围绕这一任务，合作社充分利用有限资源，开展基础设施建设。顺利完成了社员培训检测中心建设，完成了市场扩建项目和蔬菜品质提升项目，对新技术、新品种的推广起到了巨大的作用，实现了反季节大棚蔬菜从无到有的飞跃,并实现了统一生产标准、统一品种、统一技术培训、统一农资供应、统一销售、统一分配结算的"六统一"运行模式。

二、物联网应用

(一)基本建设情况

在200平方米育苗中心温室和农庄构建5个视频监测点(3个球机、2个枪机)和多个温光水监测与自动控制点,采集空气温度、湿度、光照、土壤水分、土壤温度等数据,以及视频图像数据,实现手动或自动控制湿帘风机、喷滴灌及球机等。同时配置远程控制预警系统和信息发布系统,实现对育苗温室的智能化管理及调控。

(二)项目现场的实施方案及系统设计方案

1. 监控中心

根据现场情况,相应配置数字球形摄像机、模拟球形摄像机、枪机、半球机等,实时监控枇杷长势及生长环境等信息。

2. 信息采集及传输系统

主要包括传感器采集系统、传输系统,实现棚内实时远程视频采集与传输(图1),温湿度传感器、光照度传感器、二氧化碳浓度传感器的采集、传

图1　系统截图

输显示、分析及保存，构建设施农业数据库。

3.基地现场控制系统

根据温室内环境特点和应用需求，编写微计算机控制器的配套控制程序。程序主要由前端数据采集设备、农业数据管理中心、客户端等部分组成。前端采集设备采用光线传输的传感器。农业数据管理中心设在管理机房。客户端分为两部分：一是农业专家远程数据诊断显示；二是农户通过普通PC上网浏览实时相关数据信息。

4.远程控制预警系统

根据菜苗生长评估模型及知识表达，编写并集成远程控制预警系统，支持被监测的各环境参数的上下限短信报警，支持同时给4位管理人员（或业主）发送报警短信，支持短信读取当前被监测的环境信息，支持短信控制设备启动与停止，实现温、光、水、肥及视频图像的远程实时监控、即时智能决策预警等功能。

5.信息发布系统

"数字媒体信息发布系统(DMS)"平台，是1套全新的公众信息发布平台。借助这个平台，管理人员在信息中心就可以将制作好的各种材料(文字、图片、声音、视频等)，通过网络传递到任意地点，通过事先装设好的显示终端(液晶显示器、大屏幕彩电等)，以丰富多彩的方式播放出来。相较以往的宣传手段，"数字媒体信息发布系统"实现了信息发布的统一化管理，信息传递快捷、方便，显示效果灵活多样，有更强的感染力。

（三）经济效益

育苗中心智能检测远程控制与信息发布技术项目的实施，初步实现了：

（1）育苗中心温室的自动化数据采集和控制。通过温室内部生长环境因素的实时监控，系统的数据采集模块自动采集棚内温度、湿度、光照强度和二氧化碳浓度等环境因子，再经过初步分析和处理，利用无线通信的方式发送到主控制模块；主控制模块采用无线通信的方式接收、显示温室内环境数据，并将数据发送给服务器，对数据进行分析和处理后，向对应的执行控制模块发送控制指令，实现所需参数的实时采集、储存、调整和自动化控制。项目实施后初步估算节省约20%的劳动力，增产10%以上。

（2）温室内部的安全生产、菜苗生长监控及远程控制预警系统。通过监控设备的实时监控，方便技术人员实时获取棚内环境的安全情况以及菜苗的生长情况、水肥情况和病虫害情况。同时根据菜苗生长评估模型及知识表达，编写并集成远程控制预警系统，支持被监测的各环境参数的上下限短信报警，支持短信控制设备启动与停止，实现了可视化管理、智能决策预警。项目实施后企业的管理费用预估节省15%，肥料、农药及水资源节省45%以上。

（3）信息发布系统。随着多媒体信息显示技术的进步，越来越多的液晶屏、等离子、背投等显示设备被采用。这些设备一般放在比较显眼的位置，为客户提供直观、生动的信息，包括天气预报、行业新闻等各类信息。同时也能显示公告信息，如企业形象宣传、服务、产品信息及广告宣传、企业的内部信息、公告等。这类功能是目前绝大部分独立的显示系统所不具备的，这种"数字媒体信息发布系统（DMS）"的运行和推广，可以大大提高企业的可信任度和知名度，同时使产品销售价格明显提高。

（四）实施亮点

育苗中心的200平方米展示玻璃温室，集成现代传感器、视频采集技术、集成电路与系统及数据传输技术等相关技术，开发前端采集单元，可进行温室内温度、湿度、光照等环境参数，菜苗长势，病虫害状况，现场生产视频信息的实时采集和短信预警。在数据存储和传输方面，使用单片机对采集数据的处理、存储、显示，并且开发了存储器与上位机之间的数据通信模块，是温室内环境实时监测、精确管理与智能控制的数据基础，实现了"所见即所得"的效果。开发了无线和有线多网络通信模块，可为生产管理提供详细的可追溯生产档案数据。

第二部分　水果蔬菜

DI ER BU FEN　SHUI GUO SHU CAI

德清新田：大棚水果农业物联网应用

德清县新田农业

一、企业概况

德清县新田农业成立于2007年，是德清县诚信农产品联盟示范基地，面积350亩。主要以大棚西甜瓜、设施葡萄、草莓、火龙果及生态养殖为主，是集生态生产、休闲观光、生活体验、科普教育为一体的生态农业基地。新田农业所产的西瓜、葡萄、火龙果已通过国家绿色食品认证，甜瓜通过无公害农产品认证。西瓜分别获得德清县十大名特名农产品，湖州市政府农产品质量奖，浙江省优质西甜瓜金奖，浙江省名牌产品、省著名商标。新田农业从2015年开始进行信息化建设，至今累计投入资金50余万元。

二、物联网应用

（一）基本建设情况

新田农业连栋大棚智能化物联网控制系统建设项目自2015年启动，已累计投入50余万元，完成园区28 000平方米的连栋大棚实施智能化物联网控制系统安装，配套7套环境因子监测系统及高清球机9个、枪机7个、卷膜电机110个等设备，并通过智能控制管理系统，对连栋大棚内光照、温度、湿度、二氧化碳浓度等环境因子进行实时监测，按作物所需温度进行自动通风降温和关闭等，初步实现了连栋大棚的智能化调控（图1、图2、图3、图4）。

图1 连栋大棚卷膜电机控制器　　　　　　图2 连栋大棚卷膜电机

图3 高清球机　　　　　　　　图4 65寸显示器

（二）物联网应用解决方案

新田农业物联网应用解决方案分两批实施，连栋大棚通风卷膜电机、视频监控从2015年开始实施，2016年在县农业局的帮助下进行了视频监控升级，安装了连栋大棚空气参数监控系统、土壤参数监控系统及种植业智能控制软件。新田农业连栋大棚智能化物联网技术可在任何地点，只要有网络，可实时或回放连栋大棚生产情况，随时查看连栋大棚内的温度、湿度、光照等数据，并可远程控制连栋大棚的通风卷膜电机的开闭。

（三）经济效益

新田农业连栋大棚智能化物联网系统项目的实施，初步实现了：

（1）连栋大棚内部环境因子的实时监测。通过布置在连栋内部的10个无线传感器，自动采集连栋大棚的种植环境数据（空气温湿度、土壤温湿度、光照强度、室内二氧化碳含量），并发送到计算机上，为技术员提供及时的、准确的植物生长环境，从而准确地判断、调整大棚内的即时环境条件，实现了相关技术参数的自动实时储存。该项目初步估算节省了约20%的劳动力。

（2）连栋大棚内部安全生产及作物生长监控。通过每5~10个连栋安装一个视频监控系统，实时地监测植物的长势情况，发现病虫害。方便技术员针对实际情况开展水肥管理和病虫害防治，提高了管理效率和精准度。

（3）连栋大棚环境实时查询和卷膜通风的自动控制。按作物所需温度设定进行连栋大棚的自动通风和关闭，一键控制连栋大棚的天窗通风和关闭（在下雨天特别有效，可快速开关天窗），大大减轻了劳动强度，而又能快速地同步进行，减少了天气对作物的不利影响。该项目可节约90%以上的劳动力。

（4）由于连栋大棚采用智能化物联网控制系统，使作物能较好地生长，产量上升15%左右，品质也有较大的提升，产品销价能提高20%左右，每亩增收1 500元左右。

兰溪虹霓山：枇杷基地智能监测与远程控制技术

兰溪虹霓山枇杷专业合作社

一、企业概况

兰溪虹霓山枇杷专业合作社位于浙江省金华市兰溪市虹霓山村，近年来坚持深化改革，改变单一经济，实行多业并举，渐渐步入健康发展的道路。兰溪是浙江省中西部最大的枇杷主产区，主栽品种有软条白砂、大红袍等。近年来，兰溪坚持走"生态化、规模化、标准化、品牌化"的发展之路，致力打造精品果业，大大推动了枇杷产业的发展。目前，全市枇杷种植面积近2万亩，产量6 000吨，产值8 000万元，面积和产量占金华地区的70%以上。兰溪枇杷先后被评为浙江名牌、浙江省著名商标、浙江省农业吉尼斯枇杷擂台赛最甜枇杷。

二、物联网应用

（一）基本建设情况

虹霓山枇杷基地大棚构建了2个视频监测点和2个温光水气监测预警与自动控制点，对温度、湿度、光照、土壤水分、土壤温度以及视频图像等数据进行自动化监测及采集，湿帘风机、喷滴灌、装置及球机等设备，可远程、现场手动或自动控制。初步实现了对枇杷基地的智能化监测及控制。

（二）项目现场的实施方案及系统设计方案

1.监控中心

根据现场情况相应配置数字球形摄像机、模拟球形摄像机、枪机、半球机等，实时监控枇杷长势及生长环境等信息。

2.信息采集及传输系统

主要包括传感器采集系统、传输系统，实现棚内实时远程视频采集与传输，温湿度传感器、光照度传感器、二氧化碳浓度传感器的采集、传输显示、分析及保存，构建设施农业数据库（图1）。

图1　系统截图

3.基地现场控制系统

根据大棚内环境特点和应用需求，编写微计算机控制器的配套控制程序。程序主要由前端数据采集设备、农业数据管理中心、客户端四部分组成。前端采集设备采用光线传输的传感器；农业数据管理中心设在管理机房。客户端分为两部分：一是农业专家远程数据诊断显示；二是农户通过普通PC上网浏览实时相关数据信息。

4.远程控制预警系统

根据枇杷生长评估模型及知识表达，编写并集成远程控制预警系统，支持被监测的各环境参数的上下限短信报警，支持同时给4位管理人员（或业主）发送报警短信，支持短信读取当前被监测的环境信息，支持短信控制设备启动与停止，实现温、光、水、肥及视频图像的远程实时监控、即时智能决策预警等功能（图2）。

图2　手机 App 截图

5. 质量可追溯系统平台

针对安全生产示范基地的质量安全信息，进行数字化追溯和管理的网络数据库系统。通过对标准化综合生产技术和质量安全检测监控技术进行示范基地的产前、产中、产后的质量监控，使示范基地产品达到国家绿色食品标准。提供一系列示范基地的相关信息，包括该基地的大气状况、土地状况以及水质状况。提供一系列枇杷的相关信息，包括品种名称、品种编号、所属基地信息、生产过程信息以及施肥用药情况等信息。同时实时发布相关新闻、动态和行业标准，在专家咨询栏目中回答用户提出的各种相关问题，及时解答用户的疑问。

（三）经济效益

枇杷基地智能监测与远程控制项目的实施，初步实现了：

（1）基地的自动化数据采集和控制。通过对基地大棚内部生长环境因素的实时监控，系统的数据采集模块自动采集棚内温度、湿度、光照强度和二氧化碳浓度等环境因子，再经过初步分析和处理，利用无线通信的方式发送到主控制模块；主控制模块采用无线通信的方式接收、显示棚内环境数据，并将数据发送给服务器，对数据进行分析和处理后，向对应的执行控制模块发送控制指令，实现所需参数的实时采集、储存、调整和自动化控制。项目实施后初步估算节省约20%的劳动力，增产10%以上。

（2）基地大棚的内部安全生产、枇杷生长监控及远程控制预警系统。通过监控设备的实时监控，方便技术人员实时获取棚内环境的安全情况以及枇杷的生长情况、水肥情况和病虫害情况。同时根据枇杷生长评估模型及知识表达，编写并集成远程控制预警系统，支持被监测的各环境参数的上下限短信报警，支持短信控制设备启动与停止，实现了可视化管理、智能决策预警。项目实施后企业的管理费用预估节省15%，肥料、农药及水资源节省45%以上。

（3）枇杷质量可追溯系统平台。通过对标准化综合生产技术和质量安全检测监控技术进行示范基地的产前、产中、产后的质量监控，使示范基地产品达到国家绿色食品标准。建立示范基地的农业投入品生产档案。这种安全质量控制体系模式的运行和推广可以大大提高企业的可信任度和知名度，同时使产品销售价格的明显提高。

（四）实施亮点

虹霓山枇杷基地就圆形展示大棚和标准长方形大棚，集成现代传感器、视频采集技术、集成电路与系统及数据传输技术等相关技术，开发了前端采集单元，可进行棚内温度、湿度、光照、二氧化碳浓度、营养液温度等环境参数、枇杷长势、病虫害状况、现场生产视频信息的实时采集和短信预警。在数据存储和传输方面，使用单片机对采集数据的处理、存储、显示，并且开发了存储器与上位机之间的数据通信模块，能够实现棚内环境实时监测、精确管理与智能控制，达到了"所见即所得"的效果。开发了无线和有线多网络通信模块，为生产管理提供了详细的可追溯生产档案数据。

杭州美人紫：应用智慧物联新技术
提升葡萄产业效能

杭州美人紫农业开发有限公司

一、企业概况

　　杭州美人紫农业开发有限公司是一家专业生产鲜食葡萄的杭州市农业龙头企业。公司成立于2006年9月，2015年度总资产2 669万元，其中固定资产1 412万元，产品总产量596吨，年产值达到1 789万元，实现利润238万元。通过10年来的不断努力，公司已成为集农业生产、休闲观光、自由采摘于一体的农业综合体。目前面积650亩，员工50多人，其中高级管理人员5人，技术人才2人，其余员工均从事葡萄种植工作5年以上。常年聘请南京农业大学岗位科学家陶建明教授、中国农学会葡萄分会会长晁无疾教授及浙江大学何勇教授为技术顾问，萧山区农业局高级农艺师王世福为技术专员，组建技术力量雄厚的研发队伍，负责组装、优化、集成、应用、技术创新研究。

　　自成立以来，在杭州市政府、萧山区农业局、临浦镇政府和有关部门的指导及大力支持下，公司按照现代农业园区的要求，不断进行规划建设。近3年来，公司在基础设施建设、创立"猪—沼—果"循环经济发展模式、沼气工程配套建设、休闲观光园区建设、土壤和环境信息监测及节水灌溉智能控制系统、智慧农业自动化控制系统上投入960余万元。

二、物联网应用

（一）基地建设情况

随着公司葡萄基地面积的增加，管理的范围和难度越来越大，原来小规模生产时的传统人员管理模式已完全不能适应当前生产的需要，机器换人势在必行，实行智能化生产已成为公司可持续发展的必经之路。因此，从2014年开始，公司根据生产实际，对205亩葡萄基地开展智慧农业生产系统建设（图1）。

图1　实地现场

（二）物联网技术

在园区核心基地205亩设施大棚内安装智慧农业自动化控制系统。该套系统由智能电动卷膜机、全自动数控喷滴灌和生产环境实时测控三个部分组成。

1. 智能电动卷膜机系统

包括园区线路管道铺设、固定卷动支杆套件、安装电动摇膜机和一体化控制器，安装CDMA边缘网关，选取合适位置安装主控箱。

2. 全自动数控喷滴灌系统

包括安装手自一体化电磁阀、CDMA边缘网关，选取合适位置安装主控箱，并在电动卷膜机分区内安装采集器（包括土壤温湿度、空气温湿度、光照和二氧化碳）。

3. 生产环境实时测控

安装海康数字化全球眼监控探头，实现基于摄像头的可视化监控，包括场所监控、葡萄大棚监控。并在合适位置安装小型气象站。

（三）物联网应用解决方案

1.系统功能简介

智慧农业自动化控制系统是一种将物联网安全保障体系、物联网标准与规范体系两大体系贯穿整个系统多个层面的架构模式，包括应用展现层、应用服务层、运营支撑层、承载网络层、感知层5个层面。

2.系统组成

智慧农业自动化控制系统具有报警设置、超限记录、卷帘及喷滴灌设备控制、实时数据采集、报表管理、数据备份等功能（图2）。

（1）生产监控系统功能。生产监控系统是利用以传感器为主的硬件实现生产过

图2　手机APP控制端

程综合监控。使用的传感器主要有温湿度传感器、pH传感器、光传感器、离子传感器、生物传感器等，主要用于监测生产钢架大棚中生产参数并收集数据，为钢架大棚精准调控葡萄栽培提供科学依据，为消费者提供生产履历，达到保障葡萄产量、品质、安全，调节生长周期，提高经济效益和生产效率等目的。

当采集数据超过系统预先设置的限制时，将开启系统报警功能，并发送短信告知相关管理人员，便于对农作物生产的管理。

（2）报警设置。当采集设备采集到的温度、湿度等基本参数超过预先设置的限制时，报警系统将提供数据报警，并且在报警的同时发送短信息给相关管理人员。报警数据的上下限数值均可在平台上由用户自行设定，系统也可以提供专家阈值设定建议，为种植者提供参考。

（3）超限记录。系统会对历史告警信息进行存储，形成告警知识库，方便种植户查询历史报警记录。

（4）卷膜及喷滴灌设备控制。用户从远程登录系统，可根据条件查询卷

膜或喷滴灌设备情况，选定卷膜或喷滴灌设备后观察它的工作情况，向卷膜或喷滴灌设备下达控制命令。卷膜控制有展开、关闭、角度控制(可调节展开大小)，自动化(按照设备管理模块的设备参数进行自动调节)等功能；喷滴灌控制有定时开关、条件开关和智能开关等功能。用户操作功能键可通过CDMA向控制终端发送命令，控制终端接收命令转成指令下发给电动卷膜机或喷滴灌设备，从而实现远程操作卷膜或自动喷滴灌的工作功能。

（5）实时数据采集。实时采集的数据主要为各类传感器采集的数据和视频监控采集的现场视频数据。温度包括空气温度、浅层土壤温度(土下2厘米)、深层土壤温度(土下5厘米)；湿度主要包括空气湿度、浅层土壤含水量(土下2厘米)、深层土壤含水量(土下5厘米)。传感器采集数据的上传采用ZigBee无线传输模式，ZigBee发送模块将传感器的采集数据传送到ZigBee节点上，并可在界面上可显示实时采集数据的曲线图。用户可以通过中国电信云平台或手机终端等查看现场的实时采集的数据。

（6）报表管理。报表管理是将采集到的数值通过直观的形式向用户展示时间分布状况和空间分布状况，提供日报、月报等历史报表。用户可随时随地通过计算机和手机等终端查看现场采集的历史数据，且支持条件查询历史数据，并可生成曲线、饼图等。错误报警允许用户制定自定义的数据范围，超出范围的错误情况会在系统中进行标注，以达到报警的目的。

（7）数据备份。该系统可对采集的数据进行存储和信息处理。数据存储功能可对历史数据进行存储，形成知识库，以备随时进行处理和查询。数据备份支持将备份的数据以电子表格的方式下载到用户本机。

（四）经济效益和社会效益

1.经济效益

该系统产生的经济效益主要是提高葡萄的生产效率，改善葡萄出品质量和降低生产成本。据初步测算，平均每亩每年实际增加收入为2 337.5元。按205亩葡萄种植面积，则总收入每年将增加约47.92万元。

2.社会效益

通过在一体化无线数据网关设备上的传感器来采集农业生产数据，和集成在设备上的视频监控探头来监控农业生产情况。用无线传递技术将数据传递到智慧农业综合服务云平台，达到了对农业生产重要参数的实时掌控。系统对农业生产的实时监控和管理便于农业企业全面、及时掌握生产情况。同时，在一定程度上提升了产品的科技含量。

该系统工程以一个葡萄种植基地的建设为主题，涵盖了物联网生产监控系统、作物专家系统、云平台、IPV6、3G/4G移动通信技术等诸多相关专业技术，系统集成度非常高，资源整合力度非常大。在此基础上的示范作用，不再单单只是对农业物联网的应用实现，而是一个涵盖多层物联网思路，推动相关物联网产业协同发展的重要示范。

（五）实施亮点

通过智慧农业自动化系统建设，主要完成以下技术创新。

1. 省工省力

实现手机一点自动卷膜放膜，实现了需要人工摇膜到手机、计算机控制的飞跃，大大降低了人工成本，同时保证了葡萄能迅速通风透气降温。

2. 远程智能监测，提供应急措施预警

系统提供24小时不间断自动检测，将大棚内环境数据通过物联网传感技术传递给后台数据处理系统进行智能分析，一旦发现超越警戒线，及时提供告警信息，以便管理人员采取应急措施。

3. 实时保存数据资料库，提供多种形式的种植依据

传统农业种植大多依靠经验，经验需要很多数据积累分析，以往都是靠人工记录的方式。智能大棚监控系统可以自动记录保存植物整个种植过程的环境数据变化，对获取的信息进行智能分析，为农业专家科研提供数据依据。

4. 实时视频监控，如临现场

专家不必亲临大棚现场，可随时通过4G手机或计算机观看到现场的影像，对农户进行远程指导。

5. 远程监管，保证产品供应链安全

远程智能监控系统能通过远程采集数据，监管部门可以通过采集到的数据对种植户的行为进行远程监管。

云和大田水果：智能化控制系统

云和县大田水果专业合作社

一、企业概况

云和县大田水果专业合作社成立于2007年8月17日，坐落于云和县云和镇沙溪村，法定代表人季伟平。它是一家种植、储藏及销售各类优质葡萄，推广先进葡萄种植技术的新型农村合作社。种植面积达500亩，目前已种植国内外新品种30多个，年产量达200吨。产品销往全国各地，供不应求。

经过多年的发展，合作社已经形成了一套完整的管理体系和合理的组织架构，踏上了规范管理的快速发展道路。通过培训、考察等交流学习，培养了一批专业性较强的人才。合作社现有技师3人、技术员5人，另有外聘高级技师2人，并对周围数百葡萄种植户进行了高产高效栽培技术培训，提高了他们的种植水平，带动农户共同种植，提高了葡萄市场竞争力。由于经营和管理出色，合作社先后被省、市、县评为科技示范户，葡萄基地被授予市级科普示范基地、市级规范性合作社、国家级无公害基地等荣誉称号。

合作社核心葡萄基地200亩，分为100亩钢架大棚和100亩避雨棚，实现了葡萄、鲜枣的避雨栽培。同时采用滴灌设施，实现了肥水同灌。基地全部使用太阳能杀虫灯、性诱剂、防鸟袋，施有机肥、生石灰、微量元素改良土壤，极大减少了基地的农药、化肥施用量，减少了葡萄农药残留。2009年"俺家大田"商标注册成功，2011年通过国家级无公害食品认证，2013年通过国家绿色食品认证，2014年所产葡萄通过市著名商标、县著名商标认定。

2015年基地建成了智能化控制系统，根据作物所需的生长环境，对肥料、光照、水分、温度各项因子进行精准的调控，让作物在最适合的生长环境中生长，有效减少了作物的病虫害发生，可以最少最节省的投入获取同等收入或更高收入，并改善环境，高效地利用各类农业资源，取得经济效益和环境效益。

二、物联网应用

（一）基本建设情况

2015年，合作者申报的"水果精品园葡萄基地智能控制系统建设项目"。按项目实施方案的建设内容进度要求，于2015年5月完成了项目计划。完成的主要建设内容为：建设了70个连栋大棚自动卷膜系统，建立了智能控制系统，包括无线WIFE、雨水传感器、空气湿度传感器、土壤湿度传感器、给水系统电磁阀、视频设备、手机远程控制系统（图1、图2）。

图1　电动卷膜器、爬升器　　　　图2　手机实时控制

（二）项目现场的实施方案及系统设计方案

1.温室视频监控

根据现场需求，相应配置10个海康牌90°夹角数字红外线枪机，主要安装在各主要路口、水果生长基地大棚内，实时监控水果的生长（图3）。

2.大棚环境信息采集

根据基地现场大棚分布情况，共安装放置20套土壤湿度、空气湿度、

图3 视频监控

光照强度、湿度等环境因子采集设备。所有传感器都采用有线传输模式，保证传输效果的准确性和稳定性。

3.基地现场控制系统

根据采集的环境信息数据来对电磁阀水阀，智能卷膜的开关进行控制，以期达到最佳的控制效果；按照基地种植大棚的布局设计对应的自动控制柜，以使现场各种植大棚达到本地和异地控制的功能效果。

卷膜机布置。每个大棚设置一个电控箱，电控箱放置在大棚的入口处。

电动卷膜器主要用于薄膜温室的卷膜开闭，该卷膜减速器为低压24V直流驱动，户内外使用防水性好，安全性高；减速器自带行程控制开关，调节使用灵活方便且可靠，最大行程约40圈，功率60W。该新款卷膜器有行程（圈数）调节指示，使用更加方便。

4.后台控制软件系统

（1）智能卷膜。不同光照度自动进行卷膜机的控制，实现智能控制卷膜，同时备有手动卷膜，断电或电气系统故障时可手动操作。

（2）智能供水。根据不同树苗可设置供水时间，每一路电磁阀均可设定通断时间；可以根据土壤温湿度自动控制水阀的通断。同时具备手动开阀功能，停电或电气系统故障时，可手动操作。

（3）组网控制。控制器可以通过485总线将温室数据实时传给办公室，操作人员在办公室即可操作各路卷膜电机及电磁阀。

（4）视频监控系统。方便用户实时掌握棚内视频信息，了解农作物生长情况。

（5）系统设计方便用户对系统的维护和扩展。

（三）效益分析

1.经济效益

农业机械化使农业生产效率得到了很大的提高，并使农业生产成本下降、用工减少。而农业智能化能够根据作物的状况和其他相关因素来决定如何进行某项作业，在人完全不干预的情况下，使农业生产各环节达到最优。经测算，在智能化项目实施后，每亩每年可节省劳工7.5个，折合每亩节省1 500元。

2.社会效益

项目实施后，除能带来直接经济效益外，还通过基地示范、免费培训、现场技术指导等方式，让广大农户看有样板，学有技术，将这些高科技、新技术及时传递给果农，使科技尽快转化为生产力，加快了云和县农业智能化、科技化，具有示范带动作用。

项目建成后，可以从根本上解决农业科技人员短缺的问题，保障农产品安全，节约能源资源，解决用工紧张问题。

3.生态效益

设施农业智能化管理，是在一定的空间用不同功能的传感器、探测头准确采集设施内作物肥、水、温、光等环境因子，根据作物对因子的需求，将这些因子协调到最佳状态，缓解以前乱施肥、施药现象，从而有效降低农业生产对环境造成的污染，减少对环境的压力，产生良好的生态效益。

嘉兴陡门：逸麟火龙果基地视频监控系统

嘉兴市陡门生态农业科技有限公司

一、企业概况

嘉兴市陡门生态农业科技有限公司地处嘉兴城西郊，成立于2012年2月，是嘉兴地区首家采用简易钢管大棚成功引种台湾红心火龙果的农业公司。公司生产的火龙果果大色艳，汁多味甜，绿色安全，并注册了"逸麟"商标，获得了"绿色食品证书"，荣获了"2013浙江精品水果展销会优质奖""2014年嘉兴市农产品展销会优质产品奖""2014年嘉兴市精品果蔬展销会金奖产品""2014年浙江省精品果蔬展销会优质奖""2014、2015年浙江省农业博览会金奖"。

公司集精品果蔬生产、销售、生态土鸡养殖、农业技术推广为一体，园区内还种植了葡萄、无花果、金橘、柠檬等优质水果品种，开办了真实版的"开心农场"。

这里处处充盈着优雅、静谧的生态气息。优美的农场环境彰显现代农业生态家园的魅力，是休闲娱乐、体验农村生活的好去处。

二、物联网应用

（一）基本建设情况

陡门生态科技有限公司物联网基地项目自2015年启动，已累计投入10多万元，完成了70亩基地视频监控等基础设施的建设。借助物联网软件管理系统，初步实现了对火龙果大棚内光照、温度、湿度、二氧化碳浓度等环境因子实时监测。该基地年产值约180万元。

（二）项目现场的实施方案及系统设计方案

1. 基地视频监控

陡门生态科技有限公司基地配置了一个球机，6个枪机，并配有1台计算机，可实时监控基地内火龙果生长状态。同时该视频系统可与秀洲区农经局视频系统进行对接，秀洲区农经局可实时监控农业主体的基地环境（图1）。

图1　实地现场

2. 基地环境信息采集

基地配有一个传感器，自动采集基地的种植环境。农业主体可通过计算机或者手机随时随地查询环境数据。

（三）经济效益

陡门生态科技有限公司视频监控建设项目的实施，初步实现了：

1.基地内部环境因子的实时监测

通过传感器自动采集温室的种植环境数据（空气温湿度、土壤温湿度、光照强度、室内二氧化碳），并发送到计算机上，为农业主体提供及时的、准确的火龙果生长环境，从而使其准确地判断、调整基地内的即时环境条件，实现了相关技术参数的自动实时储存。项目实施后，初步估算节省了约20%劳动力。

2.基地安全生产及作物生长监控

通过视频监控系统，实时监测火龙果的长势情况以及病虫害情况，方便农业主体针对实际情况开展水肥管理和病虫害防治，提高了管理效率和精准度。

路桥百龙：智能化集约化蔬菜育苗

浙江百龙农业有限公司

一、企业概况

浙江百龙农业有限公司成立于2007年初，位于路桥区金清镇台州市农垦场——省级现代农业综合区，是台州市瓜果蔬菜的重要产地，也是浙江省瓜菜无公害食品生产基地。公司注册资金500万元。公司投入50多万元，从我国台湾引进了1台先进的蔬菜工厂化育苗机，可育西瓜、丝瓜、茄子、西兰花等农作物。拥有直属瓜果蔬菜种苗繁育基地210亩，连栋繁育大棚118亩，管理房1 260平方米，成为全省首家机械式运行的蔬菜育苗基地（图1）。

图1　基地现场（一）

二、物联网应用

（一）基本建设情况

路桥区地处浙江东南沿海，属海洋性季风气候，土壤肥沃、热量丰富，是台州市重要的蔬菜生产基地。按照"设施现代化、设备智能化、技术标准化、工艺流程化、管理科学化"的要求设计建设，公司于2009年投入300万元资金实施智能化农业技术建设项目。现有台湾科洋全自动播种育苗流水线、赛得林滚动播种流水线，建有智能温室3 328平方米、恒温发芽室等现代育苗设施。其远程智能控制系统能自动调节育苗室内的温度、湿度、光照和喷滴灌，并可通过计算机远程监控温室内秧苗生长等情况。

（二）智能化集约化基础设施及功能介绍

1.控制层

主要由分布于各温室中的"智能温室控制器""室外气象站"温湿度、光照、二氧化碳传感器以及各种空调、风机、补光、加热、拉幕等设备的控制输出组成，可以独立地完成各个温室的数据采集记录及环境自动控制功能。

2.操作层

由各温室群的主控PC机组成，通过RS485通信网络与该温室群内所有的"智能温室控制器"相连，主要负责该温室群内所有温室的参数设置、数据记录和存储、各种曲线和报表的显示和打印等。

3.管理层

将温室自动控制系统与企业内部局域网连为一个整体，可以实现远程操作和维护、自动报警、查询和报表汇总等功能。

4.采用多区化调控管理、各区独立智能化总线寻址控制技术

开发了集通风系统、喷灌（滴灌、施肥）系统、计算机控制于一体的设施农业自动控制系统，设计了智能化人机界面，实现了远程控制、参数实时在线显示。系统力求简单、精确度高、成本低，符合台州市设施农业实际需要。

（三）温室计算机控制和管理系统应用状况

2009年，公司应用一种新型的智能计算机系统，对11个温室群进行管理，实现了最佳控制。近年来，公司还研制了一种遥感温室环境控制系统，

实行手机控制信息，将分散的温度群与计算机控制中心连接，从而实现更大范围的温室自动化管理。采用了现代化的滴灌和微喷灌系统，在作物附近都安装了传感器以测定水肥状况。办公室里的中心计算机对田间的控制器进行控制，可方便地遥控灌溉和施肥，使水肥的利用率达到80%～90%，从真正意义上实现了农作物生长环境的人为控制，达到了绿色无公害的产品标准。已初步形成了具有地方特色的蔬菜设施栽培模式，建立了以金清、蓬街为主的西兰花、红茄、黄瓜、瓠瓜、辣椒、莴笋等采稻轮作生产基地和无公害生产基地，达到了较大的产业规模和产业水平。

（四）成效分析

1. 经济效益

通过智能化集约化的专业化生产、规范化操作、标准化管理、规模化经营，提高了育苗质量和生产产量，显著提高了经济效益。年新增工厂化育苗8 400万苗，其中西兰花700万苗、番茄300万苗、辣椒100万苗、其他蔬菜600万苗，可推广种植1.8万～2.2万亩。预计销售总收入350万元，生产成本260万元，管理、流通、财务、折旧等费用20万元，年利润总额为70万元。有较好的经济效益。

2. 社会效益

智能化的实施应用，可向广大农户提供高产、优质种苗，对提高穴盘育苗覆盖率，提高各类蔬菜生产产量，改善蔬菜品质，实现蔬菜生产的高产、高效、优质与可持续发展，提高农业劳动生产率、增加农民收入都将产生很大作用。

3. 生态效益

集约化育苗基地建成后，通过基地的专业化生产、规范化操作、标准化管理、规模化经营，实施无公害生产栽培技术，采用高效低毒农药，减少农药施用量，降低农田污染，极大地改善了农业生态环境。使无公害生产技术辐射、覆盖到周边地区，产生了显著的展示、带动作用。

（五）亮点描述

大棚温室自动控制系统克服了传统大棚人工控制烦琐、低效的缺点，可以对棚内植物所需的温度、湿度等进行人为的远程控制，实现了远程控制植物生长环境的目的。大棚温室自动控制系统能使各种植物在各地反季节正常快速生长，打破了植物原本四季有序和地域性限制的生长规律，实现了各种农作物随时随处可种，从而最大限度地增加了各种作物的产出效益（图2）。

　　由于机械化作业管理程度高，减轻了作业强度，减少了工作量，便于规范化管理。解决了农民自育种苗成苗率低和育苗受气候制约（如台风等灾害性天气影响、冬季西兰花无法育苗等）两大难题，可节约种子30%、提高秧苗移栽成活率10%。同时，也为农民减少育苗成本支出400多万元。以新增的8 400万苗可种植50 000多亩，每亩可增收400元计算，预计可为农民年增收2 400多万元。优质新品种将进一步推广应用，降低农业生产成本，提高产量。周边范围将有10 000余户菜农受益，对全市及周边地区甚至全省起到示范、辐射和带动作用。

图2　基地现场（二）

杭州兴乐：视频监控系统

杭州兴乐生物科技有限公司

一、企业概况

杭州兴乐生物科技有限公司成立于2003年，专业从事设施农业和循环农业生产，建有有机肥生产基地，产品辐射浙江全省。公司主要作用于果树、茶叶等经济作物，与浙江大学环境与资源学院已有多年合作，共同开展现代农业生产模式研究，并在土壤障碍诊断与培肥、养分综合管理、测土配方设施与新型肥料施用等方面开展合作，为现代农业发展提供示范。2008年，公司在嘉兴成立分公司，投资于秀洲区新塍镇，建设了一座现代高科技生态农业示范园。该示范园是浙江大学环境与资源学院科学教学基地、浙江省亚热带土壤与植物营养重点实验基地。基地以日本冈山大学及浙江大学科技技术为依托，推动农业产业化经营，服务"三农"，技术辐射万亩果园。

公司产品在2012年获得浙江省精品农展会金奖，2009—2012年连续获得秀洲区精品水果展销会消费者最喜欢农产品称号，为区龙头企业，嘉兴市标准化示范基地，先后获得2006年度国家农业综合开发富云中低产田改造项目科技推广示范区、区标准化示范基地、新塍镇科技示范基地、区产业化经营示范基地、秀洲区精品农业核心示范基地、全国农技推广示范县示范基地称号。为国家公益示范项目果树遗传基因改良嘉兴基地，国家星火计划项目实施基地、秀洲区团员实习基地、浙江省农村青年带头人示范基地。公司产品为2010年、2011年、2012年浙江公信认证有机农产品。2012年获评中国绿色认证产品。注册商标"信乐"。

SHUI GUO SHU CAI

二、物联网应用

（一）基本建设情况

杭州兴乐生物科技有限公司于2014年开始建设物联网基地。该基地面积约为75亩，累计投入40万元。项目建设内容主要包括智能监控，农业小气象监测，LED同步数据显示，办公室会议显示设备，户外扩声，配电改造（图1、图2、图3、图4）。

图1　实地监控

图2　实时测报　　　　图3　控制平台　　　　图4　现场设施

（二）项目现场的实施方案及系统设计方案

1.视频监控系统

全区31个监控区域（采用7个全视角球机、14个定点摄像机）视频信号集中采集、统一管理。实现手机无线收看监控视频，为农业安全生产保驾护航。农作物生长情况数据实时显示，为了解农作物生长提供了第一手资料，为农业气象服务专家实时了解作物生长变化数据比对来源。

2.农业小气候监测

系统主要包括数监测传感器、采集器、传输模块、数据入库、显示平台。根据棚外、棚内要素的不同选择不同的传感器收集相关环境数据。监控系统由1台置于主控中心的PC机和若干台置于各监测点的现场监控单元组成。主机主要用于对各现场监测单元的参数设置、工作方式的控制以及对现场测量数据的集中监视、查询、分析并入库。每一个现场测控单元完成对该大棚指数的测定，超限报警，并可定时传送数据给主机。

大棚内气象观测主要是安装1套多要素的自动气象站，观测项目主要包括气温、湿度、辐射、土壤水分，pH值。主要用于近地层的气象观测。

该系统对设施内外光、温、水、二氧化碳等气象要素进行全面的监测，观测要素包含各层空气温湿度、作物冠层温度、土壤温度、湿度、总辐射、有效辐射、日照时数、pH酸碱度。系统将根据预设的时间进行不间断数据采集，采集的数据通过无线方式自动传回中心数据库，为设施农业数据分析系统提供相关资料。

会议系统的建设及显示系统的建设为组织讨论农作物生长提供了良好的保证。户外扩声系统一方面可以发布公司重要信息，另一方面配合监控系统及时广播阻止偷盗行为，平时也可以播放音乐减缓工作人员的工作压力及疲劳，提高了劳动效率。

（三）社会经济效益

"嘉兴市兴乐科技农业物联网项目"的实施已达到预期效果，使全园省工、省时、更有效率。该项目为本区高新农业都市型农业、农业智能化、科技化、浙江省力化项目实施起到了很好的推广、带头作用，全年接待参观考察人数3 000余人次。该基地一年产值约200万元。

宁波龙兴：智能农业物联网水肥一体化应用系统

宁波龙兴生态农业科技开发有限公司

一、企业概况

宁波龙兴生态农业科技开发有限公司是一家专业从事无公害绿色蔬菜种植、农产品销售、农资配送、技术服务、新品种培育引进的农民合作经济组织，于2007年3月成立。现有社员139人，注册资金150万元，果蔬生产基地6 000余亩，直属样板示范基地200多亩主要种植草莓、番茄、茄子、西瓜、甜瓜、黄瓜等农业产品。

为提高农业现代化程度，龙兴果蔬新增投入80余万元建设了"农业物联网精细化管理平台"。系统包括基于WSN的农作物生长数据采集与传输系统、移动全球眼（视频监控）系统、面向精细农业监控及报警云服务系统等。利用智能化信息系统对生产过程、农机设备管理和物流配送全程的覆盖，实现了公司生鲜蔬果生产与物流的信息化管理，达到了生鲜蔬果生产信息记录可追溯、全程可视化展示、农机设备规范化管理、关键生产流程参数的优化控制。

二、物联网应用

（一）基本建设情况

示范基地区内主要种植草莓、番茄、茄子、西瓜、甜瓜、黄瓜等农业产品。为提升基地信息化水平，基地总投资80万元进行信息化改造升级，建设了网络布线工程和机房系统，并进行了相关软硬件设备的采购和安装（图1），主要包括数据采集系统、视频监控系统、智能控制系统、施工辅材、物流跟踪系统、可视化展示系统和专业软件。

图1　实地图片

（二）物联网应用解决方案

2013年12月至2014年4月，在基地内建设了集合数据采集、智能控制、视频显示、可视化管理等多个子系统。物联网系统各个模块应用在玻璃温室智能管控、农场视频监控、物流配送跟踪系统，具体如下。

1.建设智能控制系统

建设了玻璃温室智能控制系统，利用以传感器为主的硬件实现生产环境自动监测和智能管控。使用的传感器主要有温湿度传感器、pH酸碱度传感器、光传感器等，主要用于监测生产温室中生产参数并收集数据。

2.实现对监控目标的智能化管理

农场视频监控系统结合视频监控及远程控制，实现了对监控目标的智能化管理。视频监控建设从玻璃温室开始，实现对玻璃温室的农作物全方位监控。在农业生产现场安装枪型摄像机，以满足白天监测植物生长，夜晚防盗的需要。同时，结合智能控制，提供智能控制效果的远程观测和反馈效果。

3. 实现对物流配送全过程监控

物流配送跟踪系统通过GPS定位结合监控系统，实现对物流配送全过程监控。该系统能够实时了解车队的配送情况、位置等信息，满足企业对车队灵活调控的需要，并对客户直接提供位置信息，满足企业营销多样化需求。

（三）实施效益

1. 经济效益

通过在宁波龙兴生态农业科技开发有限公司建设面向农业生态环境监测、精细农业生产的现代农业信息化设施，推进了新型业态农业的发展，提高了区内农业科技水平，提高了特色农产品的经济效益。将先进的信息技术引入农作物种植环节的管理，能够有效提高农业生产过程的技术水平。精细化农业生产，促进了社会总成本的下降，实现了公司生鲜蔬果生产与物流的信息化管理，达到生鲜蔬果生产信息记录可追溯，全程可视化展示，农机设备规范化管理，关键生产流程参数的优化控制。该系统共覆盖面积500亩，累积节省人工50%，提高成活率30%，新增产值510万元，增加利润54万元，培训农业技术人才220人次。

2. 社会效益

通过技术攻关和科技投入，在确保农产品质量的前提下，提高了产量，降低了种植成本，从而提高了农民收入，促进了绿色和生态农业的稳定发展，促进了农村社会安定。促进了新型农业社会化服务体系和现代农业产业技术体系建设。

3. 生态效益

基于种植知识库和实时采集数据的预测与决策，为农作物种植管理的精细化、精确化操作提供了决策支持，能够有效减少生产过程化肥、农药的施用量，节约水资源，降低能耗，从而降低了农业污染程度，提高了农产品的质量，能从源头解决食品安全问题。

兰溪晓明农场：智能管理信息化技术在杨梅基地中的应用

兰溪市晓明家庭农场

一、企业概况

兰溪市晓明家庭农场成立于2015年4月，法人代表倪晓明。是一家专注于杨梅种植、采摘、销售、休闲观光旅游的新型现代化农场。农场位于马涧镇下杜村，占地面积60亩，其中连栋大棚2 500平方米，单体大棚3 000平方米，避雨栽培设施3 400平方米。2015年，农场接待游客达2万人次，年产各品种杨梅150吨，实现年销售额100万元。2016年，农场本着"先进杨梅，科技杨梅，绿色杨梅"的发展理念，积极探索杨梅种植技术，建立杨梅基地智能化管理信息平台，培育优质绿色杨梅，大力拓宽杨梅销售渠道。实现接待游客5万人次，杨梅产量200吨，年销售额突破200万元。

二、物联网应用

（一）基本建设情况

农场基地占地面积60亩，其中连栋大棚2 500平方米，单体大棚3 000平方米，避雨栽培设施3 400平方米。2016年，建设杨梅种植基地智能管理信息化系统平台。总体采用标准的分层架构，以平台为基础，以农业物联网标准规范和信息安全保障体系为两翼，共同保证农业物联网生产管理平台的实施。一共包含三个部分的内容：

中心：通过互联网将基地物联网应用的数据传输到指挥中心进行统一展示。

杨梅种植基地：气象环境应用场景、视频监测、病虫害测报。

系统对接：根据用户需求开发的配套系统及数据库也可接入目前已有系统。

（二）物联网应用解决方案

1.中心服务

（1）统一监测展示与信息综合服务平台（图1）。为各个应用试点的生产现场的生产情况、环境数据提供一个统一的展示平台，可以让管理决策者在指挥中心充分掌握农业生产的即时数据，为农业决策提供辅助。

图1　系统截图

（2）农业专家信息服务。通过远程视频监控系统，专家可以在异地对基地的生产和病虫害防治等进行指导。

（3）智能测控三类典型生产监控及管理系统。

（4）食品追溯在线可查询。利用二维码技术和食品包装唯一认证码，来实现食品在线身份可查询。同时对产地的产品进行流通跟踪。

2.生产管控模块主要功能

（1）环境参数采集传输模块。对作物生长环境参数进行智能采集，采集到的数据在生产系统的分析后，系统确定下一步作物生产计划。环境参数采集分为传感器自动采集、检测仪人工采集，提供环境参数采集和存储的功能。采集方式分为在线采集和离线采集两种。

（2）作物生长环境模型设置。主要包含以下功能：作物生长周期设置、环境参数与生产管理方式设置、生产经验量设置、生产标准规范设置。

（3）病虫害发生预测模块。系统平台通过对桃园环境的监测，利用专家系统建立病虫害预警模型，为病虫害早期防治提供帮助。系统建设初期先实现搭建系统平台，数据的完善和利用将在今后逐步实现。

3.生产数据分析与决策模块

管理人员的生产分析与决策工作建立在生产数据和环境数据的存储、统计基础之上，按照管理人员的要求进行生产分析和决策分析。

对传感器自动采集、检测仪导入的信息进行存储、统计、管理，对生产数据进行存储维护，同时供监测、追溯系统使用。

（三）经济效益

杨梅种植基地智能管理信息化系统平台的建设完成，达到了以下效果：一是减少了人工成本50%，实现了一天24小时智能监控；二是减少了杨梅病虫害发生，实现了提前防御；三是增产杨梅60%，杨梅质量大幅提升，真正实现了"现代农业、绿色杨梅"。

三门万穗：雾培蔬菜生产温室实施智能化控制系统

万穗农业发展有限公司

一、企业概况

三门县万穗农业发展有限公司为"浙台农业技术合作实训基地""三门县农民学校""浙江省农科院、台州市农业局农业实训基地"，是浙江省农办、农业厅、台办设立的浙江省首个与台湾省合作的农业实训基地。实训基地规划面积1 310亩，核心区占地80亩，重点生产区300亩，连接土地面积2万亩，农户千余户。公司的主要职能旨在传播现代化农业生产新理念，推广高品质农产品，提高农民的现代化生产技术水平，同时为广大群众提供农业休闲平台。

二、物联网应用

（一）基本建设情况

基地规划面积1 310亩，目前使用面积80亩。建有生态水循环养殖塘6 000余立方米、智能温室5 000平方米、木屋2座、园林绿化10余亩以及运作所需的水电路等系统。建有目前国内农业技术最先进的雾培生产系统3 900平方米（图1）。

图1　基地现场

（二）项目现场的实施方案及系统设计方案

1.温室视频监控

根据现场数量，每个温室相应配置一个360°可旋转数字视频高速球，面积超出3000平方米的安装一个以上的高速球。安装在离风机工作时所产生震动范围以外的可固定的主梁上。

2.温室环境信息采集

根据基地现场温室分布情况，4个种植温室各安装放置2套无线空气温度传感器温度、湿度采集点，1套无线土壤温度传感器、湿度采集点、二氧化碳传感器，1套无线光照采集点。所有传感器都采用WSN自组网免运营费的模式无线发送信息，采用目前最先进的低功耗锂电池供电方式，配置可移动式安装支架，方便摆放和设备位置移动。

3.基地现场控制系统

现场2个种植温室同时具有本地和异地控制的功能，按照2个种植温室的布局配备4套自动控制柜（液晶触摸屏具备现场显示系统的各项功能和控制温室温湿度的功能）。

4.后台控制软件系统

软件平台的界面可根据客户的需求或提供的相应规格的图片来进行人性化设计，从而可以与客户的企业文化或是基地的规划情况相结合。软件支持数据统计、查看、分析、可本地、异地控制，支持TP地址互联网访问，并支持多用户同时访问。支持视频系统映射，支持手动控制和自动控制功能、软件界面报警，支持3D界面设计。

5.中央控制室平台

中央控制室作为企业对外的窗口以及接待领导参观的重要场所，必须布局合理，室内环境保持通风和防湿，所有设施都要再控制室得到好的展现。考虑到对公司形象，中央控制室配置都按照较高的设备来配置(包括研祥工控机、定制三联台、2×2大屏幕LDE显示终端、计算机显示器)。

（三）经济效益

万穗农业发展有限公司通过积极建设并运用温室智能化控制系统，创新建立了对农业生产环境的智能感知、智能预警、智能决策、智能分析、专家在线指导的全新栽培管理模式，具有积极的推广价值。项目的实施还真正实现了生产过程的标准化、信息化、可视化、精准化管理，在节能降耗、控制成本、提升品质等方面都作用明显。据初步估计，该项目每亩土地年能产有机蔬菜20吨以上，土地利用率增加近10倍，年创经济效益将超过30万元，是一项目极具经济价值的工程。

（四）实施亮点

1.温室内部安全生产及作物生长监控

通过每个温室各安装1个视频监控系统，实时地监测植物的长势情况，提高了管理效率和精准度。由于实现了可视化管理，创新了销售模式，能够实现客户在线订购。在方便客户选购的同时，公司的销售管理费用同比节省15%。

2.温室环境实时查询和自动控制

依托在园区生产管理中心内的25平方米左右的房间建立智能化控制中心，配套一个中央控制平台和显示屏幕，通过控制柜的液晶显示屏，在工作现场查询温室的环境因素，并利用标准化参数设定控制温室风机、湿帘、外遮阳、内保温以及加温锅炉等设施，实现精准调控，大大减少了煤、电能耗，直接节省成本超过10万元。

3.农业物联网的有效应用

通过设定作物的最佳生长环境因素，依托物联网软件系统，根据设定的指标完成对温室设施设备的自动调控，支持报警功能，确保安全生产。还建立了Internet访问系统的IP地址，通过授权，用户可以在任何时间、任何地点查看环境数据、视频系统和控制平台，便于开展专家网络会诊，大大提高了公司产品的生产品质，产品销售价格也明显提高。

温岭曙光：设施蔬菜生产实施智能化控制系统

温岭曙光现代农业有限公司

一、企业概况

温岭曙光现代农业有限公司成立于2012年9月，由曙光控股集团有限公司与星星集团有限公司两家实力雄厚的全国500强民营企业共同组建，坐落于东浦农场八大队。东浦农场不仅有着交通便利的区位优势、得天独厚的环境优势，还有着强大的经济优势，是温岭市南部省级现代农业综合区的核心区域。公司目前致力于打造出一个现代都市高科技设施农业产业园（图1），与中国农科院、浙江省农科院、以色列驻上海领事馆、荷兰农业技术有限公司建立了深层次的交流与合作。旗下项目"温岭曙光生态农业园"一期占地2580亩，总投资7.4亿元，是"2013、2014年温岭市重点项目""2014年浙江省重点项目"。

公司始终以科学发展观和可持续发展理念为指引，认真贯彻省委、省政府"创业富民，创新强省"总战略，按照"因地制宜、综合利用、突出优势、强化基础、发展经济"的总体思路，依托园区所在的温岭市东浦农场及箬横镇丰富的土地资源、自然景观及农业文化，

图1　实地图片

充分利用园区内原有道路和河网水系设施，加速实现现代农业的生产、生态和社会效益的协调发展，正全力打造一艘现代化的农业航母。

二、物联网应用

（一）基本建设情况

温岭曙光现代农业有限公司设施蔬菜生产实施智能化控制系统建设项目自2014年9月启动，累计投入40万元，先后完成对园区10 000平方米设施蔬菜生产实施智能化控制系统的安装（包括1个水培智能化控制系统和5个基质培智能化控制系统），配备6套温室环境因子监测、生长条件监测、数据传输系统、控制显示系统，借助物联网软件管理系统，采用了嵌入式触摸屏平板计算机作为控制主机，可自动采集水培灌溉各环节的测量参数，对设施内温度、湿度、光照、EC值、pH酸碱度、溶解氧浓度、二氧化碳浓度等环境因子进行实时监测与记录，确保不同蔬菜品种及同种蔬菜在不同的生育时期均处于最佳的生长环境之下。该系统于2014年11月建成后投入运行，主要用于种植叶菜类、番茄、黄瓜、彩椒等蔬菜品种，现已经初步实现了对蔬菜的智能化调控。

（二）物联网应用解决方案

1.温室环境信息采集

根据园区温室用途规划，将10 000平方米划分为6个种植区，其中1个水培种植区，5个基质培种植区。水培种植区安装放置1套水温、空气温度、空气湿度、二氧化碳浓度、光照强度传感器和1套营养液EC值、pH酸碱度、溶解氧浓度等灌溉系统传感器。灌溉系统主要集中在水培区，由1台嵌入式平板计算机实行总体控制和运行。同时在主控制室内设置1台主控PC机作为远程控制主机，也可显示水培灌溉系统的状态并发出相应的控制指令。基质培5个种植区每个区安装设置空气温度、空气湿度、基质温度、基质含水量4个传感器，这些参数自动采集到控制主机中，系统可根据这些参数对各区的水泵进行控制以达到自动灌溉的目的。为了方便控制、节省电缆线总长度及降低布线难度，将基质培的5个灌溉区分为一组，设置一个小型配电柜，负责将本分区内各个灌溉区的空气温度、空气湿度、基质温度、基质含水量等参数全部采集到"数据采集模块"，并通过RS485总线传输到位于水培区的主控制柜面板上的嵌入式平板计算机中。同时将本组内各灌溉水泵的控制信号通过RS485网络线由嵌入式平板计算机传输到小配电柜中的控制输出模块，驱动相应的交流接触器闭合以启动灌溉水泵的运行。这样做的好处是每个灌溉区域内的4个传感器和1路水泵能就近与本分区的小配电柜相连，而不需与较远的主数据采集控制器和主配电柜直接连线，实现了降低布线难度和节约布线成本的目的。

2. 环境智能调控系统

采用了嵌入式触摸屏平板计算机作为控制主机（图2），可自动采集水培灌溉区各环节的测量参数，如水位、水温、EC值、pH值、光照强度、含氧量和基质培灌溉区的空气温度、空气湿度、基质温度、基质含水量等，根

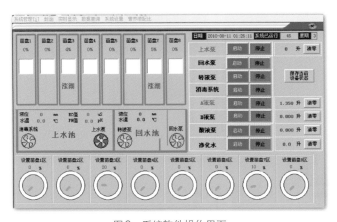

据实际需要自动启动循环灌溉、营养液配比、消毒、回收等各个过程，解决了环境参数测试过程的精确度和稳定性、数据远距离传输和抗干扰等问题，产品性能稳定，安装使用方便，智能化程度高。在测量结果、设备状态显示及参数设置过程中

图2　系统软件操作界面

全部采用汉字显示和操作提示，易学易用。控制器既可以独立工作，同时也配有与上位PC机的通信接口，可方便实现系统扩展。

3. 营养液配比施肥系统

目前，营养液补充和调整存在两种方式：人工和全自动。以荷兰Priva公司和以色列Eldar公司为代表的营养液全自动调控技术和设备，完全实现了营养液的在线检测和实时控制，保证了营养液的性质稳定和系统运行可靠，但技术复杂、设备昂贵。而目前我国实际生产中广泛采用的是人工调整和补充营养液的方式，之前，温岭曙光现代农业有限公司选用的就是这种人工调整和补充营养液的方式：定期或不定期地用EC和pH剂检测营养液，然后人工补充肥料或调节酸碱度。当发现营养液池中的营养液不够时才去补充。这样做的结果是很难保证营养液的性质稳定和系统的可靠运行。目前，公司已经通过对营养液的储量、EC值和pH值变化的实时监控，采取相应的

补肥、补酸、补水措施，来实现无土栽培过程中营养液的调整和补充，保证营养液的正常供给。

4.控制主机与液晶大屏显示系统

在主控制室内设置大型液晶显示拼屏，由4台50吋液晶显示器组成高清晰大屏幕展示系统，主控计算机通过光纤与温室内的嵌入式控制计算机相连，随时监控整个系统的运行情况，实时显示、存储各种环境参数和设备运行状况，并能远程修改各类控制参数或控制现场设备运行。

（三）经济效益

设施蔬菜生产实施智能化控制系统，有效地实现了：

第一，实时监测植物所处的生长环境和生长条件，若发现温室内的环境与生长的理想环境出现大的偏差，及时修改参数进行调控，使蔬菜处于最佳的生长条件下，蔬菜生长速度快、产品质量优、经济效益高。

第二，完全封闭的系统水循环，水肥利用效率高，有效对回收液进行紫外和臭氧消毒处理再利用，营养液化学参数实时检测、显示，便于对营养液的浓度做出实时调整，保证相对配比。完全环保的科学方法，可以达到90%的利用率。避免肥水流失，渗入地下，污染水资源。减少了肥料的浪费和病原物对植物的伤害。

第三，使温室内的相对湿度得以控制，避免植物叶面产生水膜，保持叶面干燥，使叶片接受更多的光照进行光合作用，促使蒸腾拉力从根部吸收更多的营养元素，提高了植株抗性，减少化学药物的使用量。

第四，省时省力、操作简单。环境智能调控系统具有实时显示和存储各种环境参数和设备运行状况的功能，不需要频繁调节温室内的环境条件，达到效益最大化，相比全靠人为进行调控生产成本降低20%以上。

（四）实施亮点

温岭曙光现代农业有限公司设施蔬菜生产实施智能化控制系统，采用了目前先进的智能传感器、网络传输、自动控制、营养液配比施肥和紫外臭氧液消毒等技术，形成了智能化程度高、高效实用的完整灌溉体系，在国内处于领先水平。结合现代设施农业新型种植模式，真正实现了蔬菜生产的集约化、标准化、智能化、信息化管理，具有较高的推广价值。同时，在节能减排、降低生产成本、提升产品品质方面效果显著。值得一提的是，采用水培智能灌溉系统后，与常规浇水方式相比，节水达到70%~90%。据初步统计，应用智能化控制系统后，该项目年创经济效益超30万元。

武义桑合水果：基于物联网技术的农业
远程监测与控制系统

武义桑合水果专业合作社

一、企业概况

　　武义桑合水果专业合作社主要以无花果种植为主，目前园区面积50亩，集无花果种植、种苗繁育为一体（图1）。无花果目前市场前景较好，但种植难度大，对农民技术要求较高。当前日益突显的农业劳动力成本过高的问题和产业工人素质偏低等问题，严重影响着企业的生存和下一步的发展。

图1　基地现场

　　武义桑合水果专业合作社位于浙江省武义县王宅镇四八店村，属长江三角洲经济区，经济发达，但人多地少。该县农业发展定位为精品农业，目前主要以无花果种植为主（图2），下一步将向蔬菜、园林植物养殖和水产等行业延伸，这些产业中无一例外都需利用大量农业设施，属于设施农业的范畴。这些产业经济效益比较高，投入比较大，产品附加值比较高。

图2　无花果

二、物联网应用

（一）农业环境信息的实时监测、预警

利用视频监控技术、传感器技术、网络传输技术等现代技术，研制了环境参数与现场生产视频信息的前端采集硬件、多网络远程传输，实现了对空气温湿度、光照、二氧化碳浓度、土壤水分等环境参数的实时采集、传输与显示，使管理者在任何地点、任何时刻都可以通过手机或者网络及时了解植物生长状况，也为水肥精确管理提供了实时数据支持（图3）。通过历史记录数据分析和实时采集环境数据，能判断是否出现极端天气现象，如果出现极端天气，服务器即按事先设定的程序进行控制，并通过短信通知管理

图3　监测设施

人员。

（二）设施远程视频与手机智能控制

通过在设施温室中装备分辨率较高的可旋转监控视频摄像机，将监控摄像机连接到计算机上，实现了全程监控记录温室设备的状态和作物的生长状况、果实的成熟程度等，对于出现的异常病虫害及时采取有效针对性干预措施。

通过单片机实现温室环境参数的实时采集和记录，采用光纤、网线、GPRS/GSM无线传输等方式，可实时收发温室环境数据到远程服务器或移动智能终端（手机等），使相关人员能在第一时间掌握环境状况，发送指令给RTU，再经PLC，自动控制喷滴灌、排风扇等各种设备，以满足作物生长所需的适宜生长条件。

（三）智能设施设备（图4）

图4　智能设施设备

（四）农业综合可视化自动监控与管理服务系统（图5）

运用面向对象的设计思想和软构件技术，依托设施农业环境信息自动采集技术和"农业综合技术服务系统"，集设施环境实时采集、视频监控、远程传输、环境参数智能优化、即时胁迫预警、设施远程控制、病虫害辅助诊断、专家咨询与专家远程指挥、产品溯源等功能于一体，具有一定的应用推广前景。

图5　系统截图

三、主要技术经济指标

通过农业的环境信息进行自动采集，通过模型预测设施农业中的动植物生长过程并且进行智能精细管理、预警、溯源等，能够实现设施农业中生产过程的自动化和信息化管理，在减少劳动力投入的同时，实现了生产优质安全的农产品的目标。

因地制宜地给出精确作业方案，合理化灌溉管理，充分利用污水、废水。节省干净水源，提高农业资源利用率，减少对农业生态环境带来的污染，对保护生态环境、促进生态农业可持续发展起到了积极作用。该项目实施后，预期目标节省氮肥10%～20%，节约水源30%～50%，为农民节约投入10%～20%。

三门高汉果蔬：无土高架草莓生产温室
实施智能化控制系统

三门高汉果蔬合作社

一、企业概况

三门高汉果蔬合作社成立于2013年6月，是一家专业从事现代农业产业化开发的科技型合作社。合作社基地位于三门县横渡镇坎下金村，规划总面积200亩，现已累计投资750余万元，已建成35亩草莓高架无土栽培的连栋温室大棚项目和2 000平方米脱毒草莓苗繁育生产项目。合作社基地拥有国内先进的生产设施和生产理念，在农业开发领域具有较强的示范效应。基地自建成以来，省、市、县各级领导、业内同行都曾专程参观考察。截至目前，基地已接待国内外友人370多批4 600多人次。

二、物联网应用

（一）基本建设情况

三门高汉果蔬合作社温室智能化控制系统建设项目自2016年6月立项启动，已累计投入68万元，完成泵站、管理房等基础设施的建设，完成基地20 000平方米的高架无土栽培草莓生产温室实施智能化控制系统安装，配套26台套温室环境因子监测、生长条件监控等设备和中央控制系统，并借助物联网软件管理系统，对花卉生产温室内光照、温度、湿度、二氧化碳浓度等环境因子进行实时监测。初步实现了对草莓种植温室的智能化调控（图1）。

图1　实地现场

（二）项目现场的实施方案及系统设计方案

1.温室视频监控

根据现场4个温室的数量，每个温室相应配置一个360°可旋转数字视频高速球，面积超出3 000平方米的安装一个以上的高速球。安装在离风机工作时所产生震动范围以外的可固定的主梁上。

2.温室环境信息采集

4个温室均安装2套无线空气温湿度采集设备，1套无线土壤温度、湿度采集设备，1套二氧化碳采集设备，1套无线光照采集设备，所有传感器都采用WSN自组网免运营费的模式无线发送模式，并采用目前最先进的低功耗锂电池供电方式，并配置可移动式的安装支架，方便摆放和设备位置移动。

3.基地现场控制系统

现场4个种植温室都要同时达到本地和异地控制的功能效果，4个种植温室布设4套自动控制柜（具备大屏幕液晶触摸屏现场显示系统的各项功能、温室的实时采集的环境数据、触摸式控制平台）。

4.后台控制软件系统

软件平台的界面可根据客户需求或是提供的相应规格的图片来进行人性化设计，从而可以与客户的企业文化或是基地的规划情况相结合。软件支持数据统计、查看、分析、本地异地控制，支持TP地址互联网访问，并支持多用户同时访问（支持增加异地基地的控制）。支持视频系统映射，支持手动控制和自动控制功能、软件界面报警，支持3D界面设计。

5.中央控制室平台

中央控制室作为企业对外的窗口以及接待领导参观的重要场所，必须布局合理，室内环境通风防潮，所有设施都要在控制室得到好的展现。考虑到对合作社的形象，中央控制室配置都按照较高的设备来配置，包括研祥工控机、定制三联台、2×2大屏幕LDE显示终端、计算机显示器。

（三）经济效益

三门高汉果蔬合作社通过积极建设并运用高架无土草莓栽培温室智能化控制系统，创新建立了温室草莓生产环境的智能感知、智能预警、智能决策、智能分析、专家在线指导的全新栽培管理模式，具有积极的推广价值。项目的实施还真正实现了草莓生产过程的标准化、信息化、可视化、精准化管理，在节能降耗、控制成本、提升品质等方面都作用明显。据初步估计，新项目的实施，年创经济效益将超过20万元。

（四）实施亮点

草莓温室智能化控制系统建设项目的实施，初步实现了：

温室内部环境因子的实时监测。通过布置在温室内部的26个无线传感器，自动采集温室的种植环境数据（空气温湿度、土壤温湿度、光照强度、室内二氧化碳），并发送到计算机上，为技术员提供及时的、准确的植物生长环境，从而准确地判断、调整温室内的即时环境条件，实现了相关技术参数的自动实时储存。项目实施后，初步估算节省了约20%的劳动力。

温室内部安全生产及作物生长监控。通过每个温室各安装一个视频监控系统，实时地监测植物的长势情况，发现病虫害。方便技术员针对实际情况开展水肥管理和病虫害防治，提高了管理效率和精准度。由于实现了可视化管理，创新了销售模式，能够实现客户在线订购，在方便客户选购的同时，合作社的销售管理费用同比节省15%。

温室环境实时查询和自动控制。依托在基地生产管理中心开辟的25平方米左右的房间，建立智能化控制中心，配套一个中央控制平台和显示屏幕。通过控制柜的液晶显示屏，技术人员可在工作现场查询温室的环境因素，并利用标准化参数设定控制温室风机、湿帘、外遮阳、内保温以及地源热加温等设施，实现精准调控，大大减少了电能耗，直接节省成本超过10万元。

浦江同乐家庭：人参果娃生态园农场环境因子控制系统

浦江县同乐家庭农场

一、企业概况

　　浦江县同乐家庭农场成立于2012年，是一家从事果蔬培育生产与植物嫁接技术研究的科技型农场。农场基地位于浦江县浦阳镇同乐村以西500米，总占地面积55亩，现已累计投资200余万元，建成农业生产配套设施、现代化的智能玻璃温室1 100平方米。农场以科技农业、生态农业为发展基础，以现代农业示范、传统农业改造、生态环境建设、休闲观光开发和多元经营为长期发展战略，创建以实现"新品农业、富裕农民"增加农民收入，促进农村经济繁荣为宗旨的现代农业综合研发示范区。

　　到2015年12月，农场已经建成培育种植枸杞番茄新品种种植基地（2亩），每年可提供优质枸杞番茄种苗5万~10万株，建成推广枸杞番茄种植基地50亩（农场核心基地10亩，协作专业农户5户，面积40余亩）的规模生产基地。

二、物联网应用

（一）基本建设情况

　　浦江县同乐家庭农场果蔬温室智能化控制系统建设项目自2012年启动，

已累计投入140余万元，完成泵站、管理房等基础设施的建设，完成农场果蔬生产温室实施智能化控制系统安装，配套26台套温室环境因子监测、生长条件监控等设备和中央控制系统，并借助物联网软件管理系统，对果蔬生产温室内光照、温度、湿度、二氧化碳浓度等环境因子进行实时监测，初步实现了对果蔬温室的智能化调控（图1）。

图1　智能控制设备

（二）项目现场的实施方案及系统设计方案

1.温室视频监控

根据现场温室的数量，相应配置温室360°可旋转数字视频高速球，安装在离风机工作时所产生震动范围以外的可固定的主梁上。

2.温室环境信息采集

根据基地现场温室分布情况，种植温室安装空气温湿度采集设备、土壤温湿度采集设备、二氧化碳、光照采集设备。所有传感器都采用无线发送模式，配置可移动的安装支架，方便摆放和设备位置移动。

3.基地现场控制系统

现场种植温室同时达到了本地和异地控制的功能效果，按照温室的布局设计了自动控制柜。

4.后台控制软件系统

软件支持数据统计、查看、分析，可本地异地控制，支持TP地址互联网访问，支持增加异地基地的控制，支持视频系统映射，支持手动控制和自动控制功能、软件界面报警。

5.中央控制室平台

中央控制室作为企业对外的窗口以及接待领导参观的重要场所，布局合理，室内环境通风防潮，所有设施都在控制室得到好的展现。

（三）经济效益

果蔬温室智能化控制系统建设项目的实施，初步实现了：

1.温室内部环境因子的实时监测

通过无线传感器，自动采集温室的种植环境数据（空气温湿度、土壤温湿度、光照强度、室内二氧化碳），发送到计算机上，为技术员提供及时、准确的植物生长环境，从而准确地判断、调整温室内的即时环境条件，实现了相关技术参数的自动实时储存。项目实施后，初步估算节省了50%以上的劳动力。

2.温室内部安全生产及作物生长监控

通过每个温室安装视频监控系统，实时地监测植物的长势，发现病虫害。方便管理员针对实际情况开展水肥管理和病虫害防治，提高了管理效率和精准度。

3.可用手机实时监控

温室环境可通过手机在有4G网络的地方实时查询和自动控制。

4.农业物联网的有效应用

通过设定作物的最佳生长环境因素，依托物联网软件系统，根据设定的指标完成对温室设施设备的自动调控，支持报警功能，确保安全生产。还建立了Internet访问系统的IP地址，通过授权的用户可以在任何时间、任何地点查看环境数据、视频系统和控制平台，便于开展专家网络会诊。大大提高了农场果蔬产品的生产品质，销售价格也明显提高。

（四）实施亮点

同乐家庭农场通过积极建设、运用果蔬温室智能化控制系统，创新建立了温室果蔬生产环境智能感知、智能预警、智能决策、智能分析、专家在线指导的全新栽培管理模式，具有积极的推广价值。项目的实施还真正实现了果蔬生产过程的标准化、信息化、可视化、精准化管理，在节能降耗、控制成本、提升品质等方面作用明显。据初步估计，新项目的实施年创经济效益将超过人工培育一半以上。

缙云四海丰：葡萄设施智能化控制系统

缙云县四海丰果业专业合作社

一、企业概况

缙云县四海丰果业专业合作社于2009年11月经县工商部门注册登记成立。合作社现有成员116人，全部为农民。合作社成员出资总额151.44万元。合作社建立了"利益共享、风险共担"的收益分配原则，盈余主要按照成员与该社的交易额比例返还的机制分配。合作社于2013年被缙云县农业局认定为三星级农民专业合作社，合作社产品被认定为绿色食品。

合作社目前种植了200余亩高产优质、绿色无公害的葡萄，种植品种达10余个。2015年合作社生产葡萄200余吨，实现销售收入260余万元，盈利60万元。

二、物联网应用

（一）基本建设情况

缙云县四海丰果业专业合作社智能化控制系统建设项目自2014年6月立项启动，已累计投入资金45万元，完成园区300余亩的设施智能化控制系统安装，配套建设20余套大棚环境因子监测、生长条件监控等设备和中央控制系统，并借助物联网软件管理系统，对葡萄生产大棚内土壤湿度、空气湿度、光照强度、湿度等环境因子进行实时监测。初步实现了对葡萄大棚的智能化调控（图1）。

图1 实地图片

(二)项目现场的实施方案及系统设计方案

1.大棚视频监控

对于部分大棚进行视频监控,采用摄像头将现场视频信息上传到监控室,操作人员可在计算机上看到部分大棚内农作物的生长情况,及时获取农作物信息。视频数据也可保存,便于对农作物生产信息对比观察,为后续的管理作业提供了翔实的数据信息。

2.大棚环境信息采集

根据基地现场大棚分布情况,共安装放置20套土壤湿度、空气湿度、光照强度、湿度等环境因子采集设备。所有传感器都采用有线传输模式,保证传输效果的准确性和稳定性。

3.基地现场控制系统

根据采集的环境信息数据对电磁阀水阀,智能卷膜的开关进行控制,以期达到最佳的效果。按照基地种植大棚的布局,设计对应的自动控制柜,以使现场各种植大棚达到本地和异地控制的功能效果(图2)。

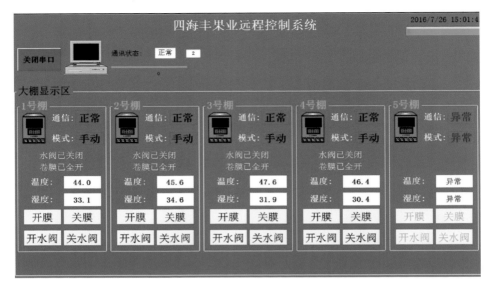

图 2　系统截图

（1）变频恒压供水。为了能够达到恒压控制的目的，要对管道压力进行实时检测，并将采集到的信号输入恒压供水主板，继而通过模糊PID算法控制变频器调速，完成恒压闭环控制过程。

（2）定时加药。加药器是以流动的压力水为动力，水压流失小，且不需要其他任何动力设施，用加药器内的水动力为引擎，带动加药器内的活塞和连杆，将液体添加剂直接吸入并溶于水流之中。这个装置在一个圆柱体内上下运动，将水压出去的同时，该装置将装在底部容器里的添加剂通过导管均匀地吸入水流中。上下运动反复进行，从而达到将添加剂均匀连续不断地添加到流动水中的效果。

（3）自动施肥。根据农作物生长情况的不同，对农作物自动施肥。施肥机与控制柜连接，其工作参数可以通过内部局域网络上传到监控中心计算机，方便用户进行监控。

（4）卷膜机布置。根据每个棚体长度来设置卷膜电机的个数，每个大棚设置一个电控箱，每个电控箱可以控制若干卷膜电机，其中4路预留。电控箱放置在每个大棚的入口处。电控箱为壁挂式电控箱。

4.后台控制软件系统

（1）智能卷膜。根据不同光照度对卷膜机进行自动控制，实现智能控制卷膜。同时备有手动卷膜，在断电或电气系统故障时，可手动操作。

（2）智能供水。根据不同树苗可设置供水时间，每一路电磁阀均可设定通断时间。可以根据土壤温湿度自动控制水阀的通断。同时具备手动开阀功能，在停电或电气系统故障时，可手动操作。

（3）组网控制。控制器可以通过485总线将温室数据实时传给办公室，操作人员在办公室即可操作各路卷膜电机及电磁阀。

（4）自动加药及自动施肥。

（5）视频监控系统。方便用户实时掌握棚内视频信息，了解农作物生长情况。

（6）系统设计方便用户对系统的维护和扩展。

（三）社会经济效益

葡萄大棚智能化控制系统建设项目的实施，初步实现了：

推动技术进步。新技术的应用普及，增加了种植效益，降低了劳动强度，提高了生产效率，推动了产业向自动化、信息化、智能化方向发展，全面提升了产业档次，为水果产业做强、做大提供了基础支撑。在建好示范基地的基础上，可为周边设施农业提供信息化建设样板，有利于全县现代农业的进一步发展和技术升级，在提高农业物联网应用水平、促进农业生产方式转变、农民增收方面有重要的推广价值。

提高操作准确性。有利于灌溉过程的科学管理，降低了对操作者本身素质的要求以及劳动强度，减少了用工成本。除了能大大减少劳动量，更重要的是它能准确、定时、定量、高效地给作物自动补充水分，以达到提高产量、质量，节水，节能的目的。由于该项目是采用太阳能作为储能电源，一年可以节省电费2万元左右。全智能的控制系统可自动开启或关闭大棚遮阳设施及灌溉施肥设施，一年可节省人工工资8万元。

（四）实施亮点

四海丰果业葡萄设施智能化控制系统，通过创新建立了对大棚葡萄生产环境的智能感知、智能预警、智能决策、智能分析的全新栽培管理模式，具有较大的推广价值。该项目的实施还真正实现了葡萄生产过程的标准化、信息化、可视化、精准化管理，在节能降耗、控制成本、提升品质等方面作用明显。

杭州麟海：蔬果智能化控制系统

杭州良渚麟海蔬果专业合作社

一、企业概况

　　杭州良渚麟海蔬果专业合作社位于"中华文明之光"——"良渚文化"发祥地的良渚。公司注册资金300万元。经过多年潜心经营，该社现已发展成为一家蔬果、粮油、肉禽水产等生产销售一体化的农副产品公司。基地总面积1 786亩，涉及菜农860户。2015年生产无公害蔬菜4 194余吨，年产值2 097余万元。2015年7—12月，累计带动周边54位农户加入种植，对符合收购要求且农药残留检测合格的蔬菜进行代销代售，半年时间内累计代售蔬菜154吨，累计销售额42万余元，有效地提升了农户收入。

　　该社斥巨资1 200万元，实现基地全方位互联网监控，铺设喷滴灌设施800余亩，建成标准化钢管大棚1 000余亩，绿色防虫网室5 000平方米，蔬果精选加工场地500平方米，冷藏保鲜库300平方米。同时配备了8辆配送车及26辆便捷宅配车，并引入了先进的检测仪器和标准化的绿色环保包装设备等，建立了蔬果种植生产全过程追踪溯源体系，坚持对每批次即将采摘的蔬果进行农残检测。准入准出机制严格。

　　麟海蔬果一直以来都致力于打造出让广大市民买得舒心、吃得放心、玩得开心的生态休闲农业乐园。未来合作社将继续加大投入，努力打造田园规格化、景观艺术化、发展持续化的生态农产品产业园区。

二、物联网应用

（一）基地建设情况

杭州良渚麟海蔬果专业合作社智能化控制系统2015年建成投入使用，整个控制设施架设于3.5亩现代化连栋大棚内，仅智慧控制设施一块就投入30余万元，目前达到智慧管理3.5亩连栋大棚内的温度、湿度、光照等系数，覆盖50亩园区的视频监控。借助物联网及互联网手段可到达网络控制、自行诊断维修。初步实现了对蔬菜大棚内的智能化调控。

未来，该合作社计划于杜城村区块启动约24亩的智慧化项目，预计投入62万元。

（二）项目现场的实施方案及系统设计方案

1.温室视频监控（图1）及温室环境信息采集

现场连栋温室内安装了4个枪机、一个球机及2套温湿度传感器，单体棚内安装了一个枪机及1套温湿度传感器。

图1 监控截图

2.基地现场控制系统

现场种植连栋温室同时达到本地和异地控制的功能效果。

3. 后台控制软件系统

针对项目现场的大棚布置、环境采集的数量以及需要控制的区域，开发了配套的管理应用软件平台。软件平台的界面可根据客户的需求或是提供的相应规格的图片进行人性化设计，从而与客户的企业文化或是基地的规划情况相结合。软件支持数据统计、查看、分析。可本地异地控制，支持TP地址互联网访问，并支持多用户同时访问（支持增加异地基地的控制），支持视频系统映射，支持手动控制和自动控制功能，软件界面报警、支持3D界面设计。

4. 中央控制室平台

中央控制室作为企业对外的窗口以及接待领导参观的重要场所，必须布局合理，室内环境通风防潮，所有设施都在控制室得到好的展现。

（三）效益

相比较传统的农业模式，农业物联网即"互联网＋农业"，则是一种革命性的农业管理模式创新。在该模式下，所有农作物的施肥、喷药、灌溉等环节实现智能化管理。农业物联网实现了农业生产全过程的信息感知、智能决策、自动控制和精准管理，使农业生产要素的配制更加合理化，对农业操作者的服务更具有针对性，使农业生产经营与管理更加科学化。

传统大棚的管理依赖管理人员的经验，且与所处的气候环境等因素相关，不利于大规模地复制，而农业物联网（智能大棚）通过便利化、实时化、感知化、物联化和智能化等手段，为农地确权、农技推广、农业生产与管理等提供精确、动态、科学的全方位信息化服务，促进专业化分工、提高组织化程度、降低成本、优化资源配置、提高劳动效率、打破小农经济的制约，促进农业现代化的深化改革，正成为现代农业跨越式发展的新引擎。

该项目侧重温室大棚的物联网控制系统和手机APP远程操控系统的建设，在大棚中应用大量的传感器构成监控网络，实时监控棚内环境的温度、湿度、二氧化碳浓度、光照强度、土壤养分含量等各种参数，通过物联网系统对棚内环境进行自动控制，维持棚内环境的稳定，促进农作物的健康生长，省时省力。另外，通过手机APP远程操控系统，不必事必躬亲，就可以对大棚的环境进行远程实时监控与操作。

第三部分　中药材
DI SAN BU FEN　ZHONG YAO CAI

嘉兴华圣：石斛智能化种植管理系统

嘉兴华圣农业生物科技有限公司

一、企业概况

嘉兴华圣农业生物科技有限公司位于桐乡市石门镇周墅塘村，成立于2012年，是一家专业从事名贵植物的种苗组培、技术研究、种植加工和产品销售的农业企业（图1）。公司占地面积156亩，注册资金380万元，现有职工25人，技术员5人。2013年和2014年，先后投资1 800万元建立钢结构连栋大棚7幢，大棚总面积56 000余平方米，培苗连栋大棚1幢1 150平方米，组织培养室面积2 100平方米，实验、加工和管理用户2 500平方米，公司总资产3 000余万元。目前，公司建有铁皮石斛等名贵中药材种植基地

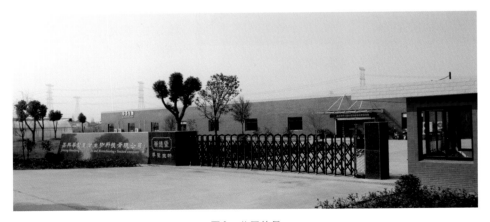

图1 公司外景

116亩，2015年销售金线莲种苗、铁皮石斛等产品1 120万元。公司致力于铁皮石斛、金线莲的育苗、栽培生产和加工等方面的技术开发，是省级农业生物高新技术企业，也是嘉兴市规模最大、生产设施最好的铁皮石斛等名贵中药材生产基地，其生产的鲜铁皮石斛于2014年通过有机产品质量认证。

二、物联网应用

（一）基本建设情况

华圣农业生物科技公司的石斛种植智能化监控管理系统农业物联网，来源于2013年浙江省农业厅下达的智慧农业示范项目。该项目总投资65.1万元，主要布置安装和建立了5套大棚生产环境（温度、湿度、光照、二氧化碳）信息无线采集与分析系统、2套智能肥水自动控制系统、3套大棚风机智能控制系统、4套自动化智能控制卷膜系统、1套远程智能决策管理系统和石斛智能化栽培专家系统及1套高清视频远程监控系统，并建立了中心机房和监测控制应用管理与展示室各一间。通过智能信息感知和控制设备，借助物联网软件管理系统，对大棚内光照、温度、湿度、二氧化碳浓度等环境因子进行实时监测，对大棚薄膜、风机和喷水等设备进行远程智能控制，对公司基地和大棚内作物进行远程监测、分析，初步实现了对石斛设施栽培的智能化调控和管理（图2、图3）。

图2　公司组培室

图3　培苗连栋大棚

（二）技术应用解决方案

该项目综合应用新一代计算机与网络技术、物联网技术、视频技术、3S技术、无线通信技术及专家知识，建立了基于物联网应用的珍稀中药材智能农业系统，打造了智慧农业示范基地和"智慧农业园区"，实现了农业生产过程的可视化、智能化、远程化控制、诊断、预警和决策。

项目系统建设主要包括以下几个内容。

1.设施大棚环境信息无线采集与分析系统

由智能传感设备（图4）、无线采集设备、无线通信协议和无线接收设备组成，实现了对大棚作物生长环境因子（温度、湿度、光照和二氧化碳）的实时采集、远程监测和环境调控（图5、图6）。

图4　传感器设备　　　　　　图5　实时监测

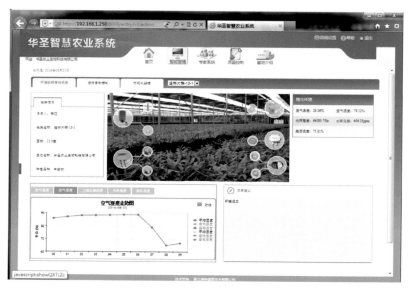

图6　系统截图

2.基于无线和远程智能决策的大棚设施智能化控制系统

系统由上位控制计算机、智能控制设备、无线传输设备和相关农业设施组成，实现大棚设施设备的自动化远程控制。

3.面向管理的智能生产辅助管理系统

用于智能农业生产管理和远程监视的控制软件包，是整个农业智能远程监管系统的数据中心和应用分析中心。

（三）应用效果

该物联网项目系统建成投入使用后，取得了良好的经济和社会效益。具体表现在三方面。

第一，通过物联网的实时传感可实时掌握作物生长环境的动态情况，为实施精细化生产奠定了基础。通过对环境的智能控制，达到了精确地满足作物生长对环境和养分各项指标的要求，为提高产量和产品质量发挥了积极作用。

第二，实现了对作物的精准生产，提高了资源利用率和劳动生产率，节本增效明显。据统计，应用该物联网系统精准化生产后，可比常规栽培管理亩产量提高200千克左右，增产30%以上，产品精品率也由30%提升到70%，管理用工由10人下降到10人以下，节省人工50%以上，亩产值达到40 000元，净增10 000元。

第三，实现了生产管理的科学性、主动可控性，避免了低效或无效投入。依托传感系统的实时监测、分析和智能化设备的控制，改变了传统生产方式大量使用肥水和用药，避免了资源的过度使用或浪费，减少了对环境污染等不良影响。如利用大棚雨水回收循环利用系统和自动节水灌溉系统，既节约了生产用水，又确保了灌溉用水清洁，避免外系统水源有害物质的带入，保证了产品质量，促进了环境保护。

（四）建设亮点

该项目系统建设和应用中的主要亮点体现在：一是在当地创新建立了对大棚中药材生产环境的智能感知、智能预警、智能决策、智能分析、专家在线指导的全新栽培管理模式，该模式的成功应用，为面上推广提供了样板。二是改变了传统生产方式种植珍稀中药材环境条件难于控制、作物种不好的状况，实现了珍稀中药材生产过程的标准化、信息化、可视化、精准化管理，在节工省本、提高产量和品质等方面具有良好效果。

宁波枫康：物联网技术在石斛生产上的应用

宁波枫康生物科技有限公司

一、企业概况

宁波枫康生物科技有限公司以铁皮石斛产业园为基础，坚持立足于生物农业，以地方乡土文化体验与康体养生活动为特色，集生物制药、有机种植、种苗培育、休闲养生、科普教育等功能为一体，属于综合性生物农业产业项目。公司自2012年8月注册成立以来，先后荣获了"浙江省林业重点龙头企业""省级现代生态循环农业示范主体""宁波市农业龙头企业""宁波市林业龙头企业""宁波市科技型企业"等荣誉，园区成为"市现代农业石斛精品园""市农业标准化示范区""市农业机械化示范区"。园区自产的铁皮石斛鲜条通过了"中国有机产品"认证和"良好农业规范"（GAP）认证，中药饮片厂通过GMP认证，与浙江大学合作成立了铁皮石斛研发中心，引进院士工作团队，成立了院士工作站。

公司园区规划建设面积1 800亩，包括组培中心、铁皮石斛精品种植园、铁皮石斛仿野生种植园、生态果园、茶树及香榧种植园、中药饮片厂、休闲旅游区等，计划总投资3.5亿元，目前已累计投资2亿元。现有铁皮石斛精品种植园325亩、铁皮石斛仿野生栽培区100多亩，智能化钢架连栋玻璃温室约17 000平方米、832型智能化钢架连栋塑料大棚20 000平方米、622型智能化钢架连栋塑料大棚16 560平方米，并配套有完善的基础设施（图1）。在此基础上，公司投资700余万元建设农业物联网系统和智慧园区系统，实现了石斛生产管理的科学化、规范化、信息化。公司还建设有大型

图1　基地实景

的精品苗木、水果园区，现已种植香蜜果、猕猴桃、红豆杉、香榧等精品苗木2万余株，同时利用常绿阔叶林等生态环境探索铁皮石斛的仿野生栽培模式。石斛种植按照有机标准进行，全部种植过程按照良好农业规范（GAP）的要求进行管理，并通过了有机和GAP认证。

二、物联网应用

（一）基本建设情况

项目覆盖范围为园区铁皮石斛精品园共计325亩，现全部21个温室大棚建成了由种植生产管控系统（图2）、视频监控系统、追溯系统和智能控制

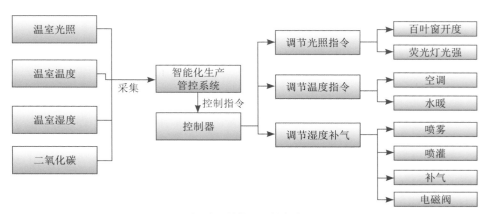

图2　生产管控系统技术路线

中心组成的农业物联网系统。通过农业物联网技术实时监测大棚温度、湿度、光照、土壤水分等生长环境，根据产生的智能监测信息对种植生产进行精确管理；通过无线传感器对温室环境进行自动和手动调节；通过土壤湿度传感器对灌溉自动控制，达到浇水和施肥按环境需要，完全实现自动化，促进了农业高效发展。

（二）物联网应用解决方案

1.硬件部分

（1）感知层设备。感知层设备由种植物联网采集节点箱22组（图3）、物联网专用设备控制箱8个、45个电磁阀和1个小型气象站组成。种植物联网采集节点箱由5个传感器组成（大气温度传感器，大气湿度传感器，光照传感器，土壤温度传感器，土壤水分传感器）。视频监控共22台，采用具备防雷、防水、防尘的球形摄像头，采用高效红外阵列，低功耗，照射距离达60米，布置在各个装有采集点的大棚，在实时查看铁皮石斛生长过程同时也可以通过360°旋转摄像头查看相关设备是否正常运行。

图3 环境信息采集点

（2）网络传输设备。传感器数据传输过程中需要借助中继和网关，能让各基地的传感器之间自主组成网络进行采集点数据的传输。

（3）质量追溯设备。包括手持智能数据终端10台，能支持条码打印，可无线数据传输，具备320×240的彩色显示屏，有标准的手机按键，采用

WinCE6.0系统。便携式打印机10台，可以实时根据采摘的信息生成标签（标签与大棚的产品建立好对应关系），并通过手持终端设备上的条码打印机打印出标签，贴在包装箱上。RFID电子标签1套（500个），用于标识大棚及各管理员信息。

（4）统一展示及管理系统设备。智能控制中心部署1个机柜、2台服务器、2台网络交换机、2台网络硬盘录像机、8块网络硬盘、9块LCD拼接屏（图4）。服务器支持多显卡显示，可以直接与液晶拼接的VGA矩阵设备进行连接，将需要显示的信息投射在液晶拼接屏上。

图4　物联网系统及大屏展示系统

2.软件部分

（1）智能种植管控系统PC端。采集作物生长环境参数，并根据专家系统的判别及计算分析，对作物生长环境做出相应智能化控制，此外系统还具备对农业生产数据的存储、统计及分析，对农业生产决策进行支持等功能。

（2）智能种植管控系统Android手机端。基于Android系统手机客户端系统，可实现采集数据查看、生产实时视频查看、对灌溉实时控制等功能。客户端可在PC端下载。

（3）视频监控系统。具有对视频系统进行区域化、实时控制，图像采集、存储等功能。可集成于生产管控系统之中。

（4）智能灌溉系统。可实现根据作物生长土壤环境及大气环境智能化灌溉。将农业无线传感器网络与专家系统和WebGIS技术有机集成，实现了自动化精准的肥水管理。

（5）企业溯源管理平台。对基地自主生产的农产品进行安全生产的追溯和监管，农产品经过种植、采收、运输等多个环节，最终到用户使用，这个过程中，追溯管理平台将对所有安全相关信息进行记录、监管和追溯。

（6）消费者产品溯源查询系统。消费者通过扫描产品二维码，即可进入查询平台查询到产品相关信息。

（三）效益情况

1.经济效益

项目实现了铁皮石斛实时种植参数的采集与上传，包括温度、湿度、光照、基质温度、基质水分含量等，可对铁皮石斛的生长情况进行准确判断及科学预测。视频监控系统实现了石斛种植的远程监控，帮助判断病虫害的发生情况，便于及早进行针对性诊治。物联网种植系统运行之后，铁皮石斛2015年产量相比2014年提高20%以上，平均亩产350千克以上，相比普通种植户产量增加20%~40%。

种植业是需要耗费大量的人工的，铁皮石斛的种植过程更是如此。原本需要大量人工操作的如浇水、开关遮阳网、通风等措施现如今都可以实现物联网自动管控。智能化的实现减少了人力成本，节省人力成本70%，节省出来的技术员外派到周边合作基地，使宝贵的人力资源运用得更加合理高效。

2.环境效益

石斛传统种植方式是由人工判断生长情况，决定浇水、通风、施肥、打药等操作。物联网系统上线后全部由智能化系统精准判断石斛对水分、光照、温度的需求，实时调节棚内设备，使棚内环境处于适合石斛生长的最佳状态。由粗放的种植方式转变为精细化智能化农业，结合喷滴灌等先进方法，实现节水50%。物联网设备全部采用节能产品，部分设备使用太阳能电池供电，综合节能20%，降低了生产成本。

3.社会效益

系统的实施一方面促进了公司石斛产业的发展，提高了石斛产量与质量，为社会提供了更多安全优质的农产品，满足了民众对安全合格农产品的需求，提升了民众的生活水平与生活质量。另一方面物联网等现代农业的运用，吸引了更多高等人才投身农业，部分缓解了社会就业问题，同时为公司未来的发展积蓄了人才、积蓄动力。

温州铁枫堂：石斛基地智能监测与远程控制系统

浙江铁枫堂生物科技股份有限公司

一、企业概况

　　"铁枫堂"源于1840年。浙江铁枫堂生物科技股份有限公司重建于2010年，公司坐落于拥有国家铁皮石斛生物产业基地、中国铁皮石斛之乡、中国铁皮枫斗加工之乡、全国一村一品（铁皮石斛）示范村、浙江省铁皮石斛生产基地县、浙江省林业（铁皮石斛）特色小镇、国家级森林公园、世界地质公园之称的雁荡山麓。公司建有石斛种植基地2 000多亩，铁皮石斛组培苗厂房5 000多平方米，是一家集铁皮石斛品种选育、组培苗繁育、大棚种植、林下原生态种植、石斛枫斗GMP加工、保健食品、中药日化用品生产开发、电子商务、铁皮石斛中药养身为一体的现代科技农业企业和生物医药企业。公司建立了国内唯一的国家中医药管理局铁皮石斛重点研究室、院士专家工作站和浙江省农业科技研发中心。公司被评为浙江省老字号、浙江省著名商标、浙江省科技农业企业、浙江省优秀创新型企业、浙江省农业龙头企业、浙江省林业龙头企业、浙江省信用管理示范企业、浙江省消费者信得过单位、非物质文化传承基地、浙江省中医药养生旅游示范基地等。公司项目分别被列入国家星火科技计划项目、中央财政林业科技推广示范项目、浙江省重大科技专项。铁皮石斛产品获得有机产品认证、农产品气候品质认证和森林食品认证。

二、物联网应用

（一）基本建设情况

项目自2013年7月启动，完成了农业设施远程视频与自动监测控制系统和数字农业技术服务平台建设，包括病虫害辅助决策模块，作物生长与环境信息自动采集、汇总、分析的配套软硬件模块，农产品质量安全追溯系统功能、生产建议和预警等功能模块。

（二）项目现场的实施方案及系统设计方案

1.构建铁皮石斛种质资源与病虫害数据库

根据系统支持语言，采用以B/S和C/S结构相结合，使用开放技术平台，采用兼容性较好的编程语C#来搭建系统，并提供集成和扩展的架构，建立病虫害辅助专家决策和农技专家决策模块。

2.建设基于农业大数据的云计算中心

配备由多台高性能计算机构成的计算机集群和相应的分析计算数据存储设备、数据交换机和数据服务器及相应数据库软件，定期备份数据，并提供断电保护等应急措施。建立一个云数据平台和云计算中心，为多源海量数据提供存储、计算和分析平台。

3.基地视频监控

系统由前端设备、本地监控中心、网络客户端组成。前端系统主要由摄像机、镜头等各种信号采集设备、可遥控设备等部分构成。本地监控中心设备由PC/嵌入式数字硬盘录像机、矩阵主机、监视器、报警盒、视频分配器等组成，实现监控现场音视频信号的显示、录像、回放以及报警信号的接收和处理。网络客户端是指除了监控中心以外，网络内其他需要进行网络远程监控的用户终端。

4.采集温室环境信息

开发了以土壤养分、水分等传感器作为终端测试节点，以物联网技术作为通信平台的监测预警终端模块，研制了前端采集硬件、多网络远程传输，根据基地现场温室分布情况装设的温度传感器、湿度传感器、光照传感器等，实现了对空气温湿度、光照等环境参数的实时采集、传输与分析。

5. 基 地 远 程 控 制 系 统

系统由浙江省农业科学院数字农业研究所自主研发的新一代智能测控终端（RTU）、环境监控模块、数据传输模块等组成。主要完成温室综合环境信息采集、打包封装、控制信息解封装和环境因子控制等功能。数据通信采用的是TCP/IP over PPP方式；RTU为核心控制组件，通过串口进行通信来控制系统的执行部件，通过预留端口实现功能可扩展（图1）。

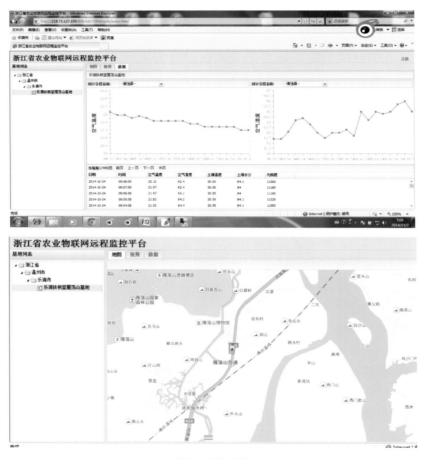

图1 系统截图

6. 低 成 本 智 能 分 区 灌 溉 系 统

低成本智能分区灌溉控制系统可通过智能控制、远程能控制或者现场手动控制三种方式实现自动化的分区灌溉（图2）。

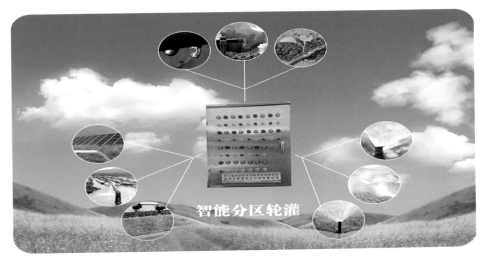

图2　现场定制的智能分区轮灌控制系统

（三）经济效益

石斛基地智能监测与远程控制系统建设项目的实施，初步实现了：

1. 基地温室的智能化监控与自动化数据采集

通过互联网远程检测各温室的当前状态，并记录在服务器的数据库中供查询。采集的数据包括环境温湿度、土壤温湿度、光照等，此外留有5~10个可扩充端口，满足未来改变或扩充需求。可以统计任意时刻的棚内外温湿度、光照强度等各种环境因素的当前值、历史值，并以图形、图表等方式绘制任意时刻的棚内外温湿度、光照强度等环境因子曲线图及年、月、周、日的变化趋势图，并可打印输出。实现所需参数的实时采集、储存、调整和自动化控制，节省了约50%的劳动力，增产10%以上。

2. 基地的病虫害诊断与防治和短信预警系统

系统收录了铁皮石斛病虫害种类，包括软腐病、黑斑病、炭疽病、蜗牛等。采用病虫害数字化标准图谱辅助诊断与视频专家诊断结合的技术，从根本上提升传统技术，达到远程诊断的效果。当环境改变，不适宜铁皮石斛生长，或铁皮石斛发生病虫害，系统通过手机短信发出预警通知，以便于管理人员及时采取措施。搭建用户与领域专家的沟通交流渠道。一是通过实时聊天系统，专家可以通过该功能远程指导农户种植铁皮石斛或辅助诊断病虫害，二是通过建立铁皮石斛论坛，专家可以通过互联网解答用户的提问留言。实现了可视化管理、智能决策预警，企业的管理费用节省了15%，节约水肥成本约25%，节约农药成本40%。

3.物联网、传感器、模型等各种新型技术的融合

研制的系统可依据室内外装设的温度传感器、湿度传感器、光照传感器、室外气象站等采集或观测温室内外的温度、湿度、光照强度等环境参数信息，通过对温室通风窗、遮阳网、喷滴灌等驱动/执行设备的控制，对温室环境气候和灌溉施肥进行调节控制以达到作物栽培生长发育的需要，为作物生长发育提供最适宜的生态环境，以大幅提高作物的产量和品质。销售价格也得到明显提高。

4.系统采用模块化结构

可方便实现大型连栋温室或温室群的集中管控，系统配置灵活，可靠性较高。此外，系统加入模型决策模块调控温室内环境因子，初步探索了智能信息处理技术在铁皮石斛智能化生产上的应用。该系统现场硬件安装方便，传输数据稳定，管理平台统一通用，系统操作简单。就设备而言，整体运行状况良好，各连栋温室温度变化接近设定参数曲线，通风、灌溉等过程合理性提高，能够较好地调节环境因子达到铁皮石斛生长最优环境，基本满足铁皮石斛智能化生产管控需求。通过铁皮石斛智能化生产管控系统的应用，取得了较好的经济和生态效益。

（四）实施亮点

首先，公司基于数字模型技术的设施智能调控技术，知识模型结合决策支持技术，数字模型技术结合自动化技术，为温室作物种植管理与环境调控提供了有效的决策支持，从而提升了设施产业的管理水平和综合效益。其次，采用设施环境因子自动采集与短信预警技术，研制了环境自动采集系统和环境胁迫预测与短信报警平台，如果出现胁迫即向管理人员短信报警，提升了温室的智能化管理水平。最后，系统的多平台泛接口组件考虑到多用户性和可扩展性，采用B/S的体系结构，面向对象的开发思想，在编写系统公共类的基础上实现了远程通信、Web service访问、单片机等多平台泛接口相应功能。据初步估计，该项目的实施年创经济效益超过50万元。

兰溪锦荣：物联网信息技术在铁皮石斛栽培中的应用

浙江兰溪锦荣农业科技发展有限公司

一、企业概况

浙江兰溪锦荣农业科技发展有限公司成立于2013年，是一家集珍稀中药材（铁皮石斛、巴西人参等）种源的培育、组织培养、种植、产品研发加工、技术服务、农业、休闲观光于一体的现代农业科技型企业。公司坐落在拥有2900多亩水面风景秀丽的东风水库边，依山傍水，无工业等其他污染源。独特的原生态自然环境为名贵珍稀中药材造就了良好的种植条件，无可复制的小气候为中药材的品质提供了保证。

公司已拥有2000平方米组培实验中心、3000平方米全智能玻璃温室、10000平方米薄膜连栋温室及300平方米初加工中心，已种植科研单位引进的巴西人参40多亩、铁皮石斛70多万盆。

二、物联网应用

（一）基地建设情况

浙江兰溪锦荣农业科技发展有限公司物联网温室控制系统建设项目自2014年9月启动，已累计投入38万元。已建成玻璃温室智能大棚2880平方米，完成对玻璃温室大棚实施Auto-2000物联网温室控制系统安装，配套建设了气象站、温室环境传感器、物联网温室控制器、温室环境数据无线互联网发布系统、温室环境数据手机短信息推送系统、大屏幕LED显示屏远程监控、悬挂式数字显示屏、1台自动肥水配比等设备以及1套Auto-2000物联网温室控制系统,通过物联网温室控制系统对铁皮石斛栽培温室内的温度、湿度、光照等环境因子进行实时监测。于2014年12月5日完成对温室的智能化调控(图1)。

图1　实地图片

(二)项目现场的实施方案及系统设计方案

1.温室视频监控

在铁皮石斛栽培温室配制了一个360°可旋转数字视频高速球,可以对温室进行全天候监控并将监控视频存储,为温室物联网平台提供温室影像数据。

2.温室环境采集

Auto-2000的传感器配置精良、测控准确,通过环境监测传感器同时监测室外温度、室外湿度、风速、风向、室外光照、雨雪信号、雨量、室内温度、室内湿度、室内光照、土壤温度、土壤湿度等数值,并通过RS485通讯传输到物联网控制器。

3.温室现场控制系统

现场安装了1套自动控制柜(具备液晶触摸现场显示系统的各项功能、温室的实施环境数据采集、Auto-2000温室控制器)、2个室内大屏幕LED显示屏,Auto-wea温室综合气象站。

Auto-2000温室控制器能同时控制双向开窗、侧通风窗、外遮阳幕、侧遮阳幕,一级风扇、二级风扇、三级风扇,湿帘泵、湿帘外翻窗,微雾降温加湿系统、除湿风扇、顶喷淋、环流风扇、土壤加温、土壤加湿,灌溉阀、施肥阀、灌溉水泵。

4.Auto-温室监控与数据管理系统

Auto-温室监控与数据管理系统是与该公司生产的"Auto-2000温室控制器"配套使用的1套软件系统。它用于远距离温室监控、灌溉监控，温室环境数据的不间断连续收集、整理、统计、制图以及温室设备运行状态的在线记录。该软件运行在普通PC机上，采用面向对象的VB语言开发，所以它与WINDOWS有着相一致的图形界面风格、完善的内存管理和友善直观的操作方式。控制器嵌在配电箱的面板上，便于操作及观察。配电箱面板上的所有设备都设有按钮及旋钮，可以进行手动及自动转换操作，方便用户使用。

5.温室环境数据手机短信息推送系统

（1）自动将温室温度、湿度、光照等数据推送到工作人员手机（图2）。

（2）自动将温室高温报警、低温报警等信息推送到工作人员手机。

（三）经济效益

Auto-2000物联网温室控制系统建设的实施，初步完成了：

Auto-2000控制器根据各数据与目标参数的对比结果，控制各机械运动部件的运行，实现对温室内环境的实时调控，节省了约30％的劳动成本，提高了铁皮石斛驯化的成活率。

温室内部安全高效生产，通过对土壤的湿度、温度、pH酸碱度的实时监测，合理地开展浇水、施肥，达到节约高效地用水、用肥的目的，节省了约20％的生产成本。

图2　传感器及推送的数据

（四）实施亮点

浙江兰溪锦荣农业科技发展有限公司通过建设并使用Auto-2000物联网温室控制系统，建立了对温室铁皮石斛生长环境的智能监测、智能预警、智能分析决策的科学栽培管理模式，实现了铁皮石斛生产过程的标准化、信息化、科学化、可视化管理，在控制成本、保证小苗成活率、提高铁皮石斛品质等方面有明显作用。据初步统计，物联网控制系统的实施增加经济效益超过20万元。

杭州胡庆余堂：中药材设施种植智能化生产应用

杭州胡庆馀堂药材种植有限公司

一、企业概况

杭州胡庆馀堂药材种植有限公司坐落在美丽的富春江畔，蒋家埠芦茨山区。公司自1989年创立起，就聘请国内著名专家对铁皮石斛、金钱莲等名贵濒危中药材品种进行分析和鉴定，进行组织培养、规模繁殖、人工炼苗、野生状态下种植、植保技术等项目的研发。现已具有相当规模的野生变家种的种植基地，是一家集组培苗科研、开发、生产、销售为一体的股份制公司。公司现有员工100多人，其中具有中高职称的9人，有专长技能的20人，有一职多能的人才20人。公司还在桐庐地区推行"公司＋示范基地＋农户"的产业化经营模式，发展近千户农民专业户种植中药材。

二、物联网应用

（一）基地建设情况

杭州胡庆余堂药材种植有限公司以野生药材变家种与种植为主体经营，租用了耕地、山地、山坡地共1 270余亩，按GAP要求建设中药材种植基地，进行多种模式的种植试验。公司目前拥有组培工厂5 000多平方米，具有年生产组培苗200多万瓶的生产能力，建有近200亩的钢架单体大棚和2 300平方米的连栋大棚，现已种植近200亩的铁皮石斛。基地基础设施建设较为完备，但信息化配套设备建设落后。

铁皮石斛作为珍稀中药材，在移栽定植期、新芽初期、生长期等不同阶段，对空气环境与土壤环境有不同的需求，甚至在特定生长阶段对特定指标有非常严格的要求。尤其是人工栽培铁皮石斛，对温室大棚环境有较高要求。大棚环境状况直接关系到大棚栽培的成活率、生长状况及产量。

胡庆余堂中药材设施种植智能化生产应用项目针对石斛设施种植的环境条件和生产需求，已完成园区4个连栋加高大棚（40米×40米×8拱）和4个单体大棚共6 667平方米的设施大棚环境信息无线采集与分析系统、大棚设施智能化控制系统、远程视频系统、智能生产辅助管理决策系统建设，并借助物联网软件管理系统，对石斛生产进行信息化管理，初步实现了石斛的精准化、智能化种植（图1）。

图1　实地应用

（二）物联网应用解决方案

项目综合应用新一代计算机与网络技术、物联网技术、视频技术、3S技术、无线通信技术及专家知识，将胡庆余堂铁皮石斛种植基地打造为桐庐县智慧农业示范基地，实现了铁皮石斛生产过程的可视化、智能化、远程化控制、诊断和预警。重点建设内容如下：一是构建了基于物联网的铁皮石斛生产智能测控系统，改变了传统的信息采集模式，实现了生产信息的实时采集与监测。二是通过农业智能产品的应用，实现铁皮石斛大棚设施设备的智能控制与调控。三是将农业专家系统知识嵌入农业智能产品，为生产者提供技术服务，实现了铁皮石斛生产的智能化、科学化管理。四是通过移动终端APP平台实时查看大棚环境数据，对设备实现了远程控制（图2）。

图2　管理系统截图

（三）经济效益

通过该项目的实施，实现了基地铁皮石斛生产的精准化控制和智能化管理，极大地提高了资源利用效率与劳动生产率，有利于降低劳动成本，提高经济效益。

通过物联网的实时传感，可实时掌握铁皮石斛生长环境的动态，为铁皮石斛精细化生产奠定了基础。通过调整环境，增加了铁皮石斛产量，提升了铁皮石斛品质。

通过智能分析与联动控制功能，能够及时精确地满足铁皮石斛生长对环境和养分等各项指标的要求，达到大幅增产的目的。

（四）实施亮点

胡庆余堂中药材种植智能化生产应用，基于铁皮石斛基地数字化、智能化、远程化监控和管理，通过对大棚石斛生产环境的智能感知、智能预警、智能决策、动态分析，形成了全新的管理模式，具有积极的推广价值；项目的实施还真正实现了石斛生产过程的标准化、信息化、可视化、精准化管理，在节能降耗、控制成本、提产增效、科普示范等方面作用明显。

绍兴儒林：铁皮石斛健康种养

绍兴儒林生物科技有限公司

一、企业概况

绍兴儒林生物科技有限公司成立于2012年9月，是一家以"孝悌文化，仁者爱人"的企业文化为发展指导方向，以战略性新兴产业生物技术为依托，专注于健康农业深加工研发及生产专业化的农业生物科技型企业。产品主要为铁皮石斛有机仿生源生态种植以及后续相关新资源食品、保健抗癌产品的研发和生产。公司现正实施石斛兰及其他花卉的工厂化种植项目。项目占地31.6亩，坐落于绍兴市越城区皋埠镇吼山村，建设内容包括种植石斛兰约4亩，黄秋葵及其他花卉约26亩。项目预计总投入245.8万元，包括沟、渠1 200米，蓄水池18立方米，泵站2个，管理房一座，电力线路2 000米，连栋大棚6 176平方米，普通大棚10.8亩，喷、滴灌设施19.4亩，防盗设施铁丝网2 000米，物联网1套，苗床搭建7 760平方米。公司旨在以科技农业、生态农业为发展基础，继续深入贯彻"孝悌文化，仁者爱人"的文化理念，致力于中国"治未病"健康工程。

绍兴儒林生物科技有限公司铁皮石斛工厂化种植项目自2012年启动，已累计投入568.8万元，项目占地31.6亩，坐落于绍兴市越城区皋埠镇吼山村，建设内容包括种植及研究观察铁皮石斛。项目通过选择适合本地区种植的铁皮石斛，运用生物育种与传统育种相结合的方法，对铁皮石斛进行规模化及仿生种植关键技术研究、示范及推广，实现对铁皮石斛的工厂化及仿野生种植（图1）。

图1　实地图片

基地拥有完善的生产设施和系统的生产理念，在农业开发领域具有较强的示范效应，先后获得"绍兴市农业重点龙头企业""专业研发生物技术领域专家""绍兴高新技术企业""浙江省科技型企业"等称号。公司引进留美博士以及相关先进生物技术，联合中科院药学研究所，中医药大学保健食品研究中心作为公司技术支持，聘请多位生物技术领域专家、教授与多所高等院校和科研院所的产学研合作。公司的深加工利用项目获得了3项发明专利、6项实用新型专利。"斛尔健""斛生草堂""儒林"三个商标成功注册。

二、物联网应用

（一）基本建设情况

绍兴儒林生物科技有限公司实施铁皮石斛工厂化种植项目自2012年启动，已完成泵站、监控、管理房等基础设施的建设。配有2个360°室外全方位红外线球形摄像机和红外彩色监控摄像机。并且借助物联网软件管理系统，对铁皮石斛基地内光照、温度、湿度、虫害等环境因子进行实时监测，初步实现了对铁皮石斛基地的智能化调控。

（二）项目现场的实施方案及系统设计方案

1.防盗监控系统控制

基地中配有2个360°无死角室外全方位红外线球形摄像机和红外彩色监控摄像机，通过网线传输录像，并在路由器的支持下传送录像至监控显示器和手机，以保证能实时监控温室里的情况，同时在异地也能了解到温室的情况（图2）。

图2　现场监控

2.通风供水系统控制

通过采集土壤温湿度、空气温湿度、光照辐射量等气象信息，结合植物生长信息经植物种植专家系统分析后，决策当天所需灌溉水量和通风供应量等并通知相关人员或执行设备，开启或关闭某个子灌溉系统。

3.后台控制软件系统

针对项目现场的大棚布置和环境采集的数量，有相应的管理软件平台，软件支持数据统计、查看、分析，可本地异地控制。记录的数据可以导出形成EXCEL表格。同时可以形成全日、全周、全月的变化趋势曲线图。

（三）经济效益

铁皮石斛智能化控制系统建设项目的实施，初步实现了：

基地内部环境因子的实时监测。通过2个360°无死角室外全方位红外线球形摄像机、红外彩色监控摄像机和掌握温度、湿度、光照、土壤湿度的环境监测器，自动采集温室的种植环境数据（空气温湿度、土壤温湿度、光照强度、室内二氧化碳），并发送到计算机上为技术员提供及时的、准确的植物生长环境，从而使其准确地判断、调整温室内的即时环境条件，实现了相关技术参数的自动实时储存。项目实施后初步估算节省了约20%的劳动力。

基地内部安全生产及作物生长监控。通过安装在2个项目点位的摄像头，实时监测植物的长势情况，及时发现病虫害。方便技术员针对实际情况开展水肥管理和病虫害防治，提高了管理效率和精准度。

基地内部实时通风供水。通过采集土壤温湿度、空气温湿度、光照辐射量等气象信息，结合植物生长信息，经植物种植专家系统分析后，决策当天所需灌溉水量和通风供应量等，并通知相关人员或执行设备。项目实施后公司的销售管理费用同比节省15%。

（四）实施亮点

绍兴儒林生物科技有限公司通过积极建设并运用基地监控控制，创新建立了对基地铁皮石斛生长环境的智能感知、智能决策、智能预警的全新栽培管理模式，具有积极的推广价值，真正实现了铁皮石斛人工种植的标准化、信息化、可视化、精准化管理。在人工种植铁皮石斛方面，大大提升了其存活率。在品质方面，大大提高了其品质含量。相较于国家要求铁皮石斛多糖含量不低于25%的要求，该基地铁皮石斛多糖含量检测已经达到≥52%的新高。

缙云天井源：铁皮石斛智能设施控制系统

缙云县天井源铁皮石斛专业合作社

一、企业概况

缙云县天井源铁皮石斛专业合作社成立于2012年9月，注册资金550万元，是一家专业从事铁皮石斛种植、销售的合作社。该合作社按照产、贮、销一体化的总体发展思路，引领缙云县中药材产业，特别是铁皮石斛产业的发展。

合作社于2012年在缙云县新碧街道新西村龙湖自然村双峰山脚坑塘底区域，一期建设铁皮石斛基地38亩，目前已建设连栋生产大棚1.2万平方米。基地距缙云城区10千米，距金丽温高速公路缙云出口处仅2千米，交通便利；当地水源丰富，生态环境、森林植被良好，周边无工业企业。其自然条件非常有利于铁皮石斛的种植。

合作社现有固定资产520万元，2015产出铁皮石斛4 000多千克，实现收入300多万元，利润70万元。现有社员15人，其中中级以上职称5人。同时，合作社依托缙云县最大的民营医院斛氏伤科，具有雄厚的资金实力和市场保障。合作社通过与浙江大学农业技术推广中心合作，依托其技术力量开展项目建设，技术有保障。

合作社精品铁皮石斛基地的建设和产业化发展，形成了产业链，通过示范作用，辐射带动了缙云县特色中草药茶叶特别是铁皮石斛产业的发展，创造了更多就业岗位，为当地经济发展做出了贡献。

二、物联网应用

（一）基地建设情况

天井源铁皮石斛智能设施控制系统建设项目自2014年6月启动，已累计投入35万元，其中硬件投入27万元，包括摄像头、硬盘机、计算机、软件系统及联通线路安装等，软件开发投入3万元，联网视频监控探头投入5万元。完成对园区基地交通道路、生产区及办公区安全监控系统的安装（12个摄像头、硬盘机、计算机、软件系统及联通线路）。实现对大棚的通风、遮阳从手工电动机械操作到自动化控制的改造，并通过加装相应的环境要素控制器件，实现远程监测和控制。

（二）项目现场的实施方案及系统设计方案

1.大棚视频监控

建设基地安全、防火监测可视化系统：对基地内交通道路、生产区及办公区安装摄像头进行监控，安装高质量摄像头12只。

建设铁皮石斛全流程可视化系统：各生产大棚生产及加工环节进行可视化监测，安装高质量摄像头10只，通过远程监控实现对现代农业设施设备的自动化管理和控制（如大棚的空气温度过高时，系统会自动打开相应的执行设备）。

安装联网视频监控探头，以实现与管理部门互联互通。在网络上远程控制摄像头的旋转、变焦等动作，实时监控现场情况，对加强社会监督、安全防范以及突发事件的应急处理具有重要作用（图1）。

2.大棚环境信息采集

建设连栋生产大棚移动通风、遮阳、增湿远程控制及可视化：通风、遮阳、增湿远程控制，加装相应感应器件各4台套。

3.基地现场控制系统

改装建设连栋生产大棚自动卷膜机：基地目前有连栋生产大棚5个，面积12 000平方米，添加必要的控制器件将其改装，可进行现场及远程自动控制（图2）。

建设报警系统一个，对大棚偏离操作人员设定的阀值和设备状态范围自动进行异常报警，以避免铁皮石斛生产环境恶化和设备故障带来的损失。

图1 视频监控

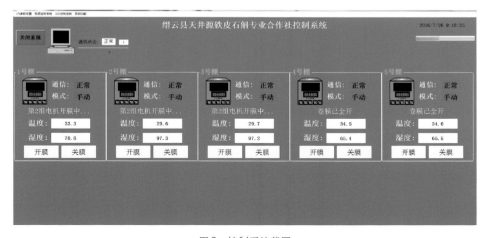

图2 控制系统截图

4.后台辅助软件系统

铁皮石斛基地现场产品与专家、客户终端视频办公系统建设：主要是基地现场产品数据采集、处理与共享系统建设。拟安装高质量摄像头及其他控制元器件4个。消费者可以通过互联网访问基地的网络摄像机实时观看公司基地生产情况和生产规模，从而增强消费者对公司产品的信任感。

（三）经济效益

通过该项目建设，为铁皮石斛注入了新活力，推动了技术进步，新技术的应用普及，提高了种植效益，降低了劳动强度，提高了生产效率，推动了产业向自动化、信息化、智能化方向发展的速度，全面提升了产业档次，为缙云县铁皮石斛产业做大做强提供了扎实基础。在建好示范基地的基础上，可为周边中药材产业发展提供信息技术应用样板，有利于全县现代农业的进一步发展和技术升级。

项目全部建设内容实施完成，预计可减少用工3人，按人均年工资4万元计算，可降低费用12万元；生产加工环节实现可视化管理后，劳动生产率的提高较为明显，预计年可增效10万元；劳动者责任心提高，产品质量和成品率上升年预计可降耗增收3万元。项目预计年可提效节支增收25万元。

海盐壹草堂：智慧农业云平台

浙江壹草堂农业科技有限公司

一、企业概况

浙江壹草堂农业科技有限公司成立于2011年3月，占地面积238.13亩，是一家集科技研发、种苗培育、种植，产品深加工及销售为一体的高新农业科技型企业。是海盐县区域内唯一一个认定的GAP基地、拥有有机认证的铁皮石斛种植基地。

公司以开拓有机中草药种植新思路，以自主研发为核心竞争力，以当地旅游产业为依托，希望将生产基地打造成为展示与销售中心，开拓出一条农业综合开发产业化多种经营的新路子，为发展农村经济和农民致富构筑新的平台。

公司与中科院昆明植物研究所建立了长达10年的种子种苗技术合作，提升种源优势、种苗品质及扩繁能力。公司与江南大学食品学院开展合作，开发以铁皮石斛为原料的功能性保健食品，为该校副董事长企业。公司与浙江中药研究所开展合作，对已开发的功能性保健食品向国家食品药品管理总局进行报批。

二、物联网应用

（一）基地建设情况

本公司占地面积238.13亩，拥有完善的水、电、道路基础设施配套。有

8430型连栋智能控制温室20 000平方米，玻璃智能温控温室2 304平方米，10万级洁净种苗组培生产车间640平方米，集产品基础研发及产品展示为一体的科普实验中心1 000平方米。其他基础配套设施也基本建成（图1）。

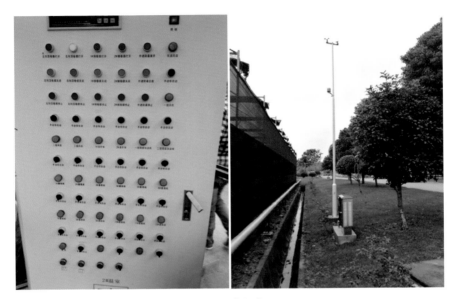

图1　现场设施

（二）物联网应用解决方案

1.智慧温室环境数据采集系统建设

在温室内布置物联网传感设备。传感设备可全天候、全方位自动采集数据，包括空气及土壤的温湿度、风向风速、光照度、二氧化碳浓度等。利用平台的行业智能模型，对数据进行分析处理，并结合规则引擎对终端设备进行自动控制。

在温室外部布置小型气象站。可全天候全方位自动采集数据，包括空气的温湿度、风向风速、PM2.5、大气压力、降雨量、光照度等，利用平台的消息发布系统结合智慧景区、智慧交通实时了解小镇气象信息。

2.智慧温室智能控制系统建设

可根据温室内的土壤湿度传感器、土壤温度传感器、时间等参数，自动控制电磁阀和水泵、施肥系统等动作。通过空气温度传感器、空气湿度传感器、光照传感器、二氧化碳传感器、雨雪传感器等参数，自动控制天窗、侧

功能界面（手机端）

图2　手机 APP截图

窗、内遮阳、外遮阳、风机、湿帘、外翻窗、加温设备、加湿设备、二氧化碳发生器等的动作，使温室内的环境保持在用户设定范围内（图2）。

3.智慧农业平台软件开发

为满足智慧农业建设而建立的一系列软件平台，目前提供下列系统软件建设。

（1）智慧灌溉。智慧灌溉是水肥一体化与灌溉的融合，可以帮助生产者方便地实现水肥一体化管理。系统由软件监管系统、区域控制柜、智能控制器、传感器、数据采集终端构成，通过与供水系统有机结合，实现智能化控制。整个系统可协调工作实施轮灌，充分提高水肥利用率，实现节水、节肥，改善土壤环境，提高作物品质。

（2）智能温室气候调控。智能温室气候调控系统功能以土壤湿度值、土壤温度、时间、空气温度、空气湿度、光照、二氧化碳等为基础，用户可以设定其参数的目标值，程序根据用户设定的目标值控制及监测电磁阀、水泵、施肥系统、天窗、侧窗、内遮阳、外遮阳、风机、湿帘、外翻窗、加温设备、加湿设备等设备的状态，以保证温室内以上几项参数在用户设定的目标值范围之内。

（三）经济效益

1.智慧温室

智慧温室气候调控系统能够根据时间计划、测量数据独立控制每个或编组设备。例如，当空气温湿度过高时，通风设备会启动；当温室内气温过低，或者在下雨天时，顶棚会关闭。

手动控制模式可以通过网络界面远程控制所有设备的开关。同时人们可通过现场的触摸控制界面，在温室现场可手动调控或修改控制计划。运用该套系统，一年可节约用电1万千瓦时左右。

2.智能灌溉

智慧灌溉即自动灌溉＋智能分析决策。通过物联网技术，可对智能传感器收集农业生产现场气象数据进行分析，从而决定农作物灌溉的时间、灌水量、灌溉施肥的时机和水溶肥用量。智慧灌溉不仅仅能够实现根据作物需要的水量进行灌溉，还能够根据作物各生长期的需要，提前进行优化分析做出灌溉决策，通过水肥一体化系统适时、适量地施用水溶肥。

智慧灌溉系统是水肥一体化与智能灌溉的融合，可以帮助生产者方便地实现自动的水肥一体化管理。用户通过操作PC、手机或触摸屏进行管控，控制器会按照用户设定的配方、灌溉过程参数，自动控制灌溉量、吸肥量、酸碱度等水肥过程的重要参数，实现对灌溉、施肥的定时、定量控制，节水节肥、省力省时、提高产量，用于大田、旱田、温室、果园等种植灌溉作业，可节约人工40%、节约用水及用肥量35%。

（四）实施亮点

目前，该公司现代高效农业产业园区有温室大棚区、育苗组培室及园区园林灌溉区共三大农业生产功能区。可利用建模技术，立体绘制园区总体平面剖析图，全方位展示园区风采。用户可通过各类信息发布交互终端，直观地了解每个农业生产功能区的实时信息；管理者在综合业务系统内，可通过园区展示图方便地管理整个园区。该项目的实施，真正实现了种植生产过程中的标准化、信息化、可视化、精准化管理，在节能降耗、控制成本、提升品质等方面有显著效果。

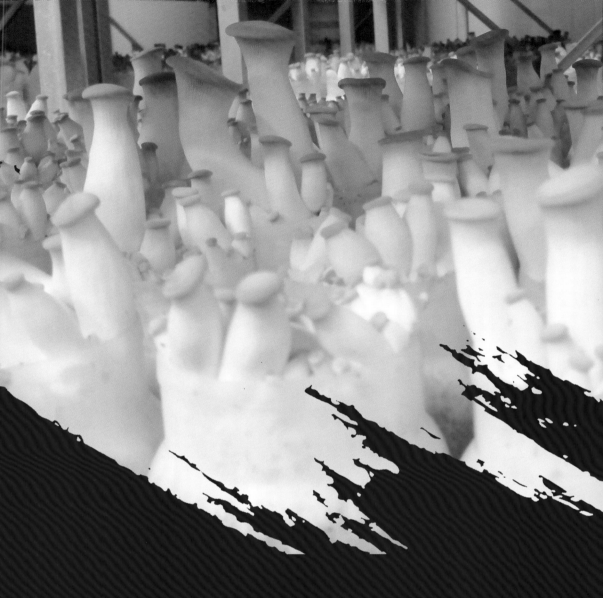

第四部分　食用菌

DI SI BU FEN　SHI YONG JUN

桐乡联翔：双孢蘑菇智能化栽培控制系统

桐乡市联翔食用菌有限公司

一、企业概况

桐乡市联翔食用菌有限公司位于桐乡市石门镇周墅塘村北漾口组，注册资金500万元，是一家回收应用稻草等农作物秸秆，进行无害化发酵处理和资源化利用，专业从事食用菌生产和销售的农业企业（图1）。公司遵循生态化、精准化、智能化、精品化的现代农业发展理念，从荷兰引进国际先进的食用菌生产技术，按照GAP（良好农业规范）和HACCP质量安全管理要求，

图1 企业基地

从2015年7月开始投资5 000万元，建设占地75亩的工厂化双孢蘑菇生产基地。该基地于2016年4月建成投产，目前建有8 640平方米的高标准钢结构恒温菇房20间，铝合金材质的蘑菇栽培床架80套，蘑菇栽培总面积达13 440平方米，日产鲜菇能力达10吨。同时，在蘑菇生产车间（栽培菇房）统一布置物联网设备，建立了智能化生产自动控制与管理系统。

二、物联网应用

（一）基地建设情况

图2　菇房

联翔工厂化食用菌智能化控制与管理系统，采用欧洲先进的食用菌生产技术和栽培管理模式，引进国际领先的荷兰克里斯帝公司蘑菇栽培全套智能化控制设备和智慧管理系统。公司投资200多万元实施智慧农业建设项目，在20间菇房内（图2）统一安装了环境感知设备、菇房内外视频监控系统、智能管理系统及大屏等网络终端应用系统，对菇房内室温、基质料温、湿度、二氧化碳和风速等实行24小时实时数据采集、监测分析与全自动智能调控，管理和技术人员利用蘑菇生产智能管理平台系统和大屏控制室（或计算机、手机等网络终端），实现从基质进料到鲜菇产出全流程的环境智能自动调控和远程监测控制的全工厂化食用菌生产管理。

（二）技术应用解决方案

该公司双孢蘑菇智能栽培控制系统（图3、图4），系采用荷兰30年双孢蘑菇工厂化栽培经验和蘑菇生产所需要的适宜环境数据，运用大数据、云计算技术编制优化最优环境栽培数字模型，研制设计菇房独立控制功能的PLC计算机（可编程逻辑控制器）（图5）。在生产中，利用布置在菇房内的传感器监测收集的空气温度、湿度、二氧化碳和基质光温度、湿度等环境要素数据，通过网络系统与PLC中数字模型24小时实时比对、自动智能调控，实

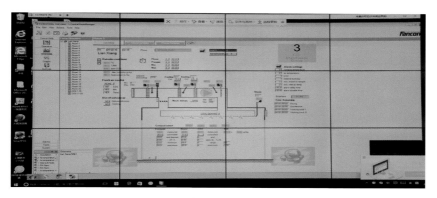

图3 智能管理系统界面

图4 监控与智能控制管理室

图5 蘑菇智能控制主机
（PCL计算机）

现通过PLC计算机对蘑菇培养阶段不同的生长环境进行设置和自动调控，达到蘑菇最适宜生长的环境。

（三）系统应用效果

运用工厂化智能控制技术栽培双孢蘑菇，具有高产高效、省工节本、绿色优质的显著效果（图6）。

1.高产高效

据3个月的生产实践和统计分析，采用工厂化物联网智能控制系统栽培双孢蘑菇，高产、高效优势显著。

图6 高效产出

具体主要表现在三个方面：一是表现产量高，每平方米的鲜菇产量平均达30千克（最高达32千克），是常规法大棚蘑菇产量的2.5倍。二是生长快而齐，生产周期短，效率高，长江流域每批基质从进料到采收结束（共采收3批），一轮生产周期只需60天。而常规法大棚蘑菇一轮生产周期（采收4~5批）需80~90天。三是不受气候影响，可周年种植生产，全年可种6轮蘑菇，实现鲜菇产品均衡批量上市销售，价格平稳、效益稳定。而常规法大棚蘑菇一年只能栽培春、秋季2轮，产品上市销售淡旺季明显，效益不稳。

2.省工节本

采用工厂化物联网智能控制系统栽培双孢蘑菇，20间菇房日常管理只需2人，而常规大棚法每间至少需1人，节省管理用工达90%。同时，因蘑菇工厂化栽培的基质料通过隧道发酵式机械化批量生产，菇房上料只需在架床通过机械化直接摊铺即可，效率高，相较传统大棚栽培法加工基质和制作菌棒的费工费力，用工量节省60%以上。

3.绿色优质

工厂化智能控制法栽培双孢蘑菇，由于基质料直接采用稻草秸秆通过工厂机械化隧道式高温发酵法生产，基料不使用有害物质，不感染杂菌，并且在生产中通过智能化自动控制，菇房环境达到最优生长条件，无杂菌感染和病虫为害，不使用任何农药，所以在无污染基料中生长产的蘑菇大小均匀、洁白划一，质量安全有保障，深受消费者青睐。

（四）系统建设亮点

该工厂化双孢蘑菇智能化栽培控制系统的亮点有三：一是利用荷兰双孢蘑菇栽培历年经验和最佳生长环境数据研究成果，运用大数据、云计算和现代网络信息技术，率先应用菇房独立控制功能的PLC计算机进行智能化自动调控栽培管理。二是实现双孢蘑菇的真正工厂化、智能化、标准化和生态化流水线生产，达到欧美发达国家的先进栽培技术与管理水平。三是高产高效、节工省本、绿色生态，既保证了绿色、优质蘑菇的常年供给，又推动了农作物秸秆等农业废弃物的资源化利用，促进了生态环境的改善和农业循环经济的发展。

武义兴森：食用菌温室大棚实施智能化控制系统

浙江兴森科技有限公司

一、企业概况

　　浙江兴森科技有限公司位于武义县城西省级现代农业综合区内，成立于2009年，是一家集食用菌科研、生产、销售于一体的浙江省农业科技企业。公司现有基地72 000平方米，已累计投资3 800余万元。兴森公司坚持"科技兴企、创新强企"的发展理念，以现代农业示范、传统农业改造、生态环境建设、休闲观光开发和多元经营为长期发展战略，致力打造企业品牌，高度重视农产品质量安全追溯体系建设，主导产品秀珍菇、灵芝等食用菌通过了有机食品认证，"武州绿谷"被认定为金华市著名商标。同时，公司与浙江省农科院等科研院所建立了密切的合作关系，通过开展多渠道、多形式、多层次的协同创新，建成了年产800万袋食用菌菌包的自动化、清洁化生产线，建成了国内最具规模的秀珍菇智能化控制、规范化生产示范基地。公司下设的兴业食用菌专业合作社获得了全国农民专业合作社示范社、浙江省示范性农民专业合作社、浙江省扶贫专业合作社等荣誉称号。

二、物联网应用

（一）基地建设情况

　　浙江兴森科技有限公司温室智能化控制系统建设项目自2013年6月启动，已累计投入154万元，完成泵站、大型温控螺杆机组、管理房等基础设施的建设，完成对基地35 000平方米的食用菌生产温室实施智能化控制系统安装，配套建设温室环境因子监测、生长条件监控等设备和中央控制系统，并借助物联网软件管理系统，对食用菌生产温室内光照、温度、湿度、二氧化碳浓度等环境因子进行实时监测，初步实现了对食用菌温室的智能化调控（图1）。

图1　基地全景

（二）项目现场的实施方案及系统设计方案

农业生产监控系统是利用以传感器为主的硬件实现生产过程综合监控。使用的传感器主要有空气温湿度传感器、土壤温湿度传感器等，主要用于监测温室生产大棚生产参数并收集数据，为大棚精准调控各类菌菇栽培提供科学依据，为消费者提供产品履历，达到保障蔬果产量、品质、安全，调节生长周期，提高经济效益和生产效率等目的。

1.展示系统

结合基地已自建的展销中心，将视频监控的接口标准化，提供给用户用于展示或进行推广。

2.监测指标

通过手机、计算机等设备实时查看温室的空气温度、空气湿度、基质温度传感器。

3.手机查看实时数据

温室大棚中的监测数据能够通过手机实时进行查询，并能进行远程控制。

4.数据采集

实时采集每台传感器的数据，包括大棚的温度、湿度和土壤、湿度及大棚光照度等，将数据传送到后端服务器平台。

5.数据展示

主要用于展示前端采集到的农业生产现场数据，并可以查询历史一段时间内数据变化情况，也可以查询历史任意时间及时间段每个大棚的数据，并通过图表的方式直观地展现给农业管理人员、农业专家等（图2）。

观光区实时数据列表

传感器名称	传感器值	上报时间	状态
1#光照	3.30 kLux	2015-03-27 15:51:22	
2#光照	2.46 kLux	2015-03-27 15:51:23	
3#光照	4.20 kLux	2015-03-27 15:51:23	
1#空气湿度	87.20 %	2015-03-27 15:51:22	
2#空气湿度	85.97 %	2015-03-27 15:51:23	
3#空气湿度	81.57 %	2015-03-27 15:51:23	

图2 数据展示

6.阈值设置及自动告警

系统支持对农作物生长数据设定阈值范围，以便更好地进行农作物管理（图3）。例如，系统可以设定一号大棚的棚内温度阈值为15~35℃。在这个阈值范围内，农作物可以正常地进行生长繁殖。阀值可根据农作物种类、生

☑全选 ☑ZDHH光照传感器 ☑ZDHH空气湿度传感器 ☑ZDHH空气温度传感器 ☑ZDHH土壤湿度传感器 ☑二氧化碳I2C

位置名称	传感器名称	自定义阈值						操作
		超紧急		紧急		普通		
		上限值	下限值	上限值	下限值	上限值	下限值	
	1#光照							提交 删除
	2#光照							提交 删除
	1#空气湿度							提交 删除
	2#空气湿度							提交 删除
	1#空气温度							提交 删除
	2#空气温度							提交 删除

图3 阈值设置界面

长周期、季节进行修改。自动告警是农业生产监控系统的重要功能，自动告警包括越上限报警、越下限报警，当某个数据超过上限或低于下限时，系统立即发出报警信息，报警信息包括报警时间、报警值、限值，并通过手机短信及时发送给农业管理人员，以便管理人员及时进行人工调节，避免因天气变化、换季、自然灾害等原因造成温度、湿度变化给农作物带来不利的影响。

7. 手机客户端功能

考虑到农业生产管理人员的实际需要，农业生产监控系统在提供计算机端系统的同时，还需要提供手机客户端子系统。手机客户端系统功能与计算机端相同，且数据保持同步。这样，农业生产管理人员可在任何时间、任何地点完成信息的查询和自动控制，简化了工作程序，提高了工作效率。

8. 视频监控

前端监控摄像机设备采集视频信息后，图像通过视频服务器进行数字编码，通过宽带网络将视频信息传送到视频监控中心平台。用户通过电信网络登录视频监控平台，可随时查看视频信息。

（1）远程查看。用户可以实时远程监看监控场所的视频信息，无论身在何处，都可以通过网络方便地查看视频信息。

（2）视频存储。前端视频信息储存在前端硬盘录像机中，存储时间为7天左右，也可以根据用户需要的存储时间配置相应容量的硬盘，满足不同存储时间需求。同时可以实现24小时不间断录像存储。

（3）视频回放。可以根据用户的需求，随时查看存储时间内任意时间段的视频录像。

（三）经济效益

实现生产环境数据实时查看，喷灌、监管的生产自动化。与传统农业生产相比较，极大降低了人工成本、水电能源成本、投入品成本，并且由于产量和质量的提高增加了收入。

1. 人工费用

按照80亩可以减少7人的管理成本，依照现在人工每人每年3万元折算，全年总共节省21万元。

2. 管理费用

在生产现场视频生产管理、智能化生产管理的体系下，节省管理成本（主要体现在管理者的管理时间成本）约为每年8万元。

3.能源损耗费

电费、水费消耗费用，按200元/亩·月计算，年投入约19.2万元；按照传统农业投入计算，按300元/亩·月计算，年投入约28.8万元。对比来看，智能物联网农业可比传统农业节约9.6万元。

4.收入增益

项目实施后，因对菌菇生产的环境可实时了解其温湿度，更好地促进农产品产量、质量的提高，每年折合成收益为100万元。

（四）实施亮点

浙江兴森科技有限公司通过积极建设并运用温室智能化控制系统，创新建立了对食用菌生产环境的智能感知、智能预警、智能分析、专家在线指导的全新栽培管理模式，具有积极的推广价值。项目的实施还真正实现了食用菌生产过程的标准化、信息化、可视化、精准化管理，在节能降耗、控制成本、提升品质等方面作用明显。据初步估计，新项目的实施年创经济效益超过100万元。

宁波白峰双石：食用菌培育智能化管理系统

宁波市北仑区白峰双石蘑菇专业合作社

一、企业概况

宁波市北仑区白峰双石蘑菇专业合作社成立于2007年，是一家专业从事食用菌种植的农民专业合作社。基地位于白峰街道阳东村，基地总占地面积40亩，各项投资约700万元，建成隔热彩钢板标准蘑菇种植房21座、种植规模近20 000平方米，并配置温控设备。公司旨在以科技农业、生态农业为发展基础，以现代农业示范、传统农业改造、生态环境建设为长期发展战略，创建以实现"先进农业、生态农村、富裕农民"为宗旨的现代农业示范区。

合作社主要种植双胞蘑菇，拥有长期从事双孢蘑菇栽培的技术人员15名，并与浙江大学和宁波市农业科学研究院等专业科研院校建立了科技合作关系，着力于双孢蘑菇控温、控湿节能高效食用菌物联网技术探索、应用。自配80KV变压力器，抓草机、覆土搅拌机、菇木粉碎机、运输机等食用菌种植专用设备比较齐全。并从宁波强胜科技引进食用菌智能化控制系统，为双胞蘑菇物联网应用提供支点，为宁波市工厂食用菌生产力的形成提供样板。

基地拥有国内先进的生产设施和生产理念，在食用菌领域具有较强的示范效应。是"宁波市菜篮子商品供应基地"，产品是宁波市名优农产品。

二、物联网应用

（一）基地建设情况

食用菌培育智能化管理系统建设项目自2014年启动，已累计投入40多万元。按照浙江大学食用菌研究所提供的菌房设计方案，建造了550立方米的高标准、高密度泡沫夹芯板库房一座、300平方米铁制菇架一整套、智能化管理系统一整套及配置各种温湿传感设备（图1），并借助物联网软件管理系统，实现所有设备一体式链接，自动监控并调节菌菇房内二氧化碳含量、温湿度，根据双孢蘑菇各生长阶段调节，创造出适宜的生长环境。通过生长环境监控，实现了蘑菇栽培室对温度（10~25℃）、湿度（65%~95%）、通风（二氧化碳浓度在800~5 000mg/kg）等栽培参数的手动、自动控制。

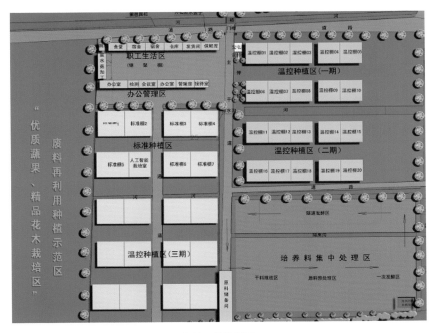

图1　基地平面

（二）项目现场的实施方案及系统设计方案

食用菌智能化管理系统是为食用菌物联网应用管理专门研发的、高度智能化的控制系统。该管理系统自动化程度高，各种制冷加湿、通风、光照等设备在智能化管理系统的统一协调指挥下，全自动化运行，不需人工参与，节省了大量的劳动力，降低了食用菌的生产成本，是食用菌物联网应用的首选设备。采用了世界上先进的微计算机技术、传感器技术、自动控制技术，带有数码管显示和键盘操作，能自动监测种植棚内的二氧化碳含量、温度、湿度，具有二氧化碳排放控制功能，加湿、除湿控制功能和升温、降温控制功能，可以控制风机、加湿器、卷帘机、水泵等设备。通过触控屏可以设置二氧化碳、温湿度的需要范围以及控制回差（图2），带有通信接口，可以与计算机通信进行远程监控，构成菇房、种植棚、大棚联网监控系统（图3）。

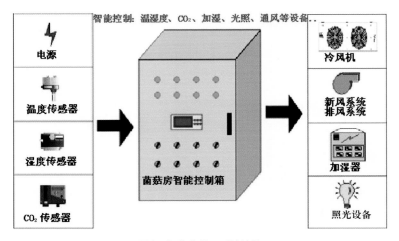

图2　智能化管理系统连接

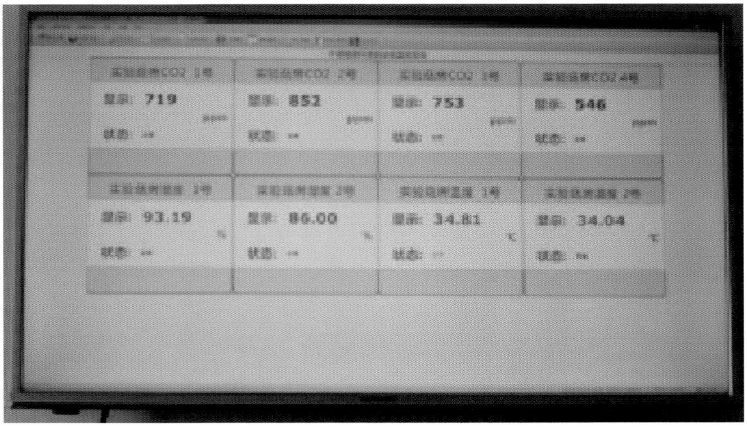

图3　智能化管理系统显示屏

（三）项目实施效益

1. 管理成本大大降低

以前，从发酵阶段开始，需员工24小时值守，时时确保食用菌生长环境处在适宜状态，员工工作烦琐且劳动力强度大。有了智能化管理系统，不需彻夜巡查，系统能自动监测种植棚内的二氧化碳含量、温度、湿度，控制种植棚自动排放二氧化碳、排湿、除湿和升温、降温，可以控制风机、加湿器、卷帘机、水泵等设备，大大降低了劳动力成本。

2. 经济效益良好

以550立方米智能栽培室有效栽培菇床面积250平方米/次、年循环栽培次数4次、每平方米单位产量20千克（鲜菇）计，年产蘑菇（鲜菇）2万千克（单位产量为常规季节性栽培的4倍以上）。在销售环节，精品包装、品牌化销售、工厂化周年栽培智能管理模式下的鲜菇年平均价格可稳定在15元/千克（常规季节性栽培的鲜菇年均价约10元/千克以下）。按年产2万千克计算，年收益30万元（产值为常规季节性栽培的20倍以上），年增利润8万元。项目经济效益良好。

3. 创新了生产方式

利用物联网技术生产双孢蘑菇，创新了蘑菇生产方式，从根本上克服了传统栽培受气候、季节限制，不能周年生产、供应，且产量、质量不稳定，生产风险高等不利因素，实现了规模化、标准化生产，提高了产业档次，达到均衡供应，最大限度满足了市场对优质、安全食用菌产品的需求。

（四）实施亮点

合作社通过积极建设并运用食用菌智能化控制系统，创新建立了对食用菌生产环境的智能感知、智能预警、智能决策、智能分析的管理模式，具有积极的推广价值。项目的实施在食用菌种植节能降耗、控制成本、提升品质等方面作用明显。据初步估计，该项目的实施年创经济效益单棚将超过8万元。

缙云珍稀：食用菌设施智能化控制系统

缙云县珍稀食用菌专业合作社

一、企业概况

缙云县珍稀食用菌专业合作社位于缙云县双溪口乡南源村，主营业务为食用菌的工厂化生产与销售、生物质颗粒燃料加工与销售，是一家集食用菌工厂化、规模化、标准化生产以及食用菌新品种新技术科技开发示范为一体的浙江省优秀示范性农民专业合作社，是浙江省现代农业园区——缙云县双溪口食用菌精品园的建设主体单位（图1）。

合作社成立于2003年，现有长期职工85人，其中技术人员15人，中级以上职称学历9人，主要管理人员12人，学历均为高中以上，年龄45~55岁。技术开发、销

图1　实地图片

售、生产人员比例约为2：1：20；临时用工10~70人。

合作社建有省级珍稀食用菌科技研发中心，生产技术先进，科技开发能力强。2015年种植食用菌500多万袋，产鲜菇2 200吨，实现经营收入2 300万元，实现利润320万元。

合作社主要生产环节实现了机械化作业，是当地食用菌业设施栽培的样板企业。基地产品分别通过无公害、绿色食品认证，其中秀珍菇通过浙江省名牌农产品认证。合作社食用菌基地建设解决了附近150多名农村家庭妇女和中老年人就业，对当地农业增效、农民增收贡献大。

二、物联网应用

（一）基地建设情况

缙云县珍稀食用菌专业合作社设施智能化控制系统项目自2014年6月启动，已累计投入55万元，对精品园基地内主要生产环节进行信息化改造提升建设，主要内容：精品园基地安全、防火监测可视化系统建设，菌包制作全流程可视化系统建设，秀珍菇生产大棚移动制冷、通风、遮阳、增湿远程控制及可视化建设，杏鲍菇栽培房环境监测远程控制与可视化建设，保鲜库设备运行远程监测与报警，食用菌基地现场产品与客户、消费者终端可视化系统建设等。

（二）项目现场的实施方案及系统设计方案

1.大棚视频监控

精品园基地安全、防火监测可视化系统：对基地内主要通道、大门、实验室、保鲜配送中心、办公楼、生物质颗粒加工车间等安装摄像头进行监测，拟安装高质量摄像头13只。

菌包制作全流程可视化系统：堆料场、搅拌机环节、装袋机环节、锅炉环节、高压灭菌器环节、净化接种车间环节进行可视化监测，拟安装高质量摄像头12只。

杏鲍菇栽培房环境监测远程控制与可视化：基地共有杏鲍菇栽培房50间，需加装50个摄像头及其他感应探头，安装5个外围高质量摄像头。

食用菌基地现场产品与客户、消费者终端可视化系统：主要是基地现场产品数据采集、处理与共享系统建设。拟安装高质量摄像头38只及其他控制元器件。客户、消费者可以通过互联网访问基地的网络摄像机，实时观看公司基地生产情况和生产规模，从而增强消费者对公司产品的信任感。

2.大棚环境信息采集

秀珍菇生产大棚移动制冷、通风、遮阳、增湿远程控制建设：为实现通风、遮阳、增湿远程控制，需加装相应感应器件各4套（图2）。

3.基地现场控制系统

秀珍菇生产大棚为实现移动制冷远程控制需改装现有移动制冷机组9套（图3）。

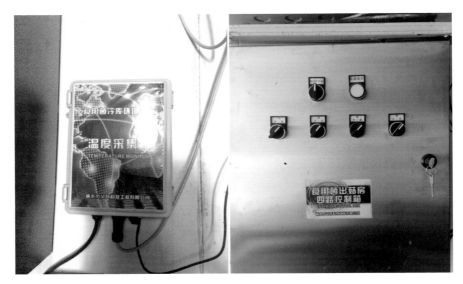

图2　温度采集器　　　　　　　　图3　智能控制器

保鲜库设备运行远程监测与报警：基地现有保鲜库3个，需购置3台套远程控制压缩机组。该机组与制造厂家数据库无缝连接，厂家可进行远程设备运行状况实时监测、远程问题诊断，共同搞好设备运行管理与维护。

4.后台控制软件系统

搭建基于环境数据采集、可视化视频监控、智能设施控制的物联网云计算应用平台，实现对基地各菌菇大棚内的各环境因子的实时采集、分析；结合平台中可视化监控功能，对各棚内的作业情况及设施设备运作情况进行查看；最终通过平台中预设环境数据模型对相应数据值做出智能判断，实现设施设备的智能化控制。

（三）经济效益

1.技术经济效益

通过项目建设，将可为现代食用菌产业注入新的活力，推动农业技术进步，推进农业信息技术应用普及，降低劳动强度，提高生产效率，增加食用菌生产效益，提高农业生产管理的数字化、自动化、智能化水平及核心竞争力，全面提升产业档次，为缙云县食用菌产业做强、做大提供示范作用。在食用菌产业信息技术应用示范效果突出的基础上，为缙云县乃至浙江省相关农业主导产业提供信息技术应用样板，为全县乃至全省加快智慧农业发展奠定基础。同时，能够促进缙云县乃至浙江省农业增效、农民增收和农村发展，具有重大的社会和生态效益。

2.社会经济效益

该项目全部建设内容完成后，预计可减少用工2人，按年人均3万元计算，可降低人工费用6万元；生产主要环节实现可视化管理后，劳动生产率提高较为明显，预计年可增效5万元，产品质量和成品率上升，预计年可降耗增收3万元；对关键设备和环节进行远程自动监测，可杜绝设备故障事故的发生，预计年可止损增收6万元。

江山丽蓝：食用菌栽培环境监控系统解决方案

浙江丽蓝食用菌专业合作社

一、企业概况

浙江丽蓝食用菌专业合作社位于江山市南部现代农业综合区食用菌精品园，成立于2008年12月。现有社员102名，注册资金800万元，占用土地22亩，拥有资产1 200多万元，固定资产800多万元，员工60余人，专业技术人员5人，厂房7 000多平方米。

二、物联网应用

（一）基地建设情况

浙江丽蓝食用菌专业合作社2009年被评为江山市示范性专业合作社，2012年被评为浙江省示范性农民专业合作社，2012年"丽蓝"白菇通过农业部农产品质量安全中心审定为无公害农产品，2014年被评为国家级示范性合作社。浙江丽蓝食用菌专业合作社拥有育菇房4.2万平方米，储存冷库5 500平方米。该合作社用物联网系统对菇房进行监测和自动控制。

（二）物联网应用解决方案

1.栽培温室智环境监测系统

该公司在每个栽培温室内安装若干个空气温湿度、二氧化碳、光照强度等无线传感器（图1），并为每个温室配置一个信息传输中继节点。中继节点将前端采集数据通过网络直接上传终端平台。

光照传感器　　　　　　空气温湿度传感　　　　　　二氧化碳传感器

图1　栽培温室智环境监测设备展示

2.智能决策控制平台

集成物联网及信息控制技术功能，可对农业生产进行全面管控，登录系统可查看温室实况，并具有温室调控、数据查询、报警设置、视频监控、自动控制等功能。系统可根据采集的参数和最佳环境参数系统对照分析做出反馈，调控温室设施，以提供最适宜的生产环境。同时将各数据生成表格显示、曲线显示、柱状图显示。数据可存储，亦可随时调出查看（图2）。

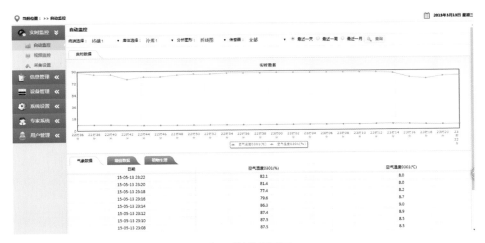

图2　系统数据界面

3.农业物联网云平台

通过中控室内中控台的控制，即可一键式控制栽培温室内的风机、外遮阳、内遮阳、喷滴灌、侧窗、湿帘等，实现远程管理。

4.手机APP系统（图3）

方便管理人员远程实时查看农场作物生长情况，监控种植环境，即时得到预警，省心管理，开心收获。用户也可通过手机APP控制大棚的浇水、施肥、通风、补光灯操作。

图3　手机报警APP界面

5.视频监控系统

通过高清摄像设备，远程实时查看农场内部各种设备运行状况，施肥灌溉过程，作物生长情况，实现对园区运转情况的远程监管。

（三）经济效益

传统的种植方式，依靠大量人力维护菇房种植条件，不仅耗时费力，增加生产成本，而且常常因为传统经验的误导，导致收成的下滑。

根据生产方式的调整，合作社使用了食用菌栽培环境监控系统，利用传感器采集温湿度、二氧化碳浓度、光照强度等参数，一键式控制室内硬件设备，使冷库生长室达到恒温恒湿条件，保证菌菇生长。该项目使合作社每年增收10%以上。

（四）实施亮点

食用菌种植对环境的温湿度和光照条件要求较高，以前依靠人工经验来调节温度和光照，容易造成室内环境不适于菌类生长。目前依靠传感器技术使得环境参数能够直观地展示出来，而且能够做到远程监控与自动控制，从而保证类菌类的快速生长，减少损失。

第五部分　畜牧养殖

DI WU BU FEN　XU MU YANG ZHI

嘉兴嘉华：生态养猪智能化控制管理系统

嘉兴嘉华牧业有限公司

一、企业概况

嘉兴嘉华牧业有限公司是浙江华腾牧业有限公司于2013年投资1 500多万元建立的专业化生态养猪企业，坐落于浙江省桐乡市洲泉镇湘溪村。公司牧场占地126.33亩，目前存栏母猪580头，年出栏生猪11 000头。公司引进欧洲生态养殖模式与技术，遵循绿色生态养殖和废弃物加工循环利用建设标准，实行生猪的全绿色生态化养殖。借世界互联网大会落户浙江乌镇东风，2015年，公司通过实施智慧农业示范建设项目，建立了现代生态智慧牧场系统。运用该系统实行生态化、精准化饲养和智慧管理，生产无激素、无抗生素、无重金属的"三无"健康安全和品牌猪肉，开创了绿色生态智慧养猪新模式。

二、物联网应用

（一）基地建设情况

公司投资200余万元，在牧场内的8栋母猪产猪舍、10栋保育猪舍和9栋育肥猪舍，以及14座饲料自动供料仓和4处末端饮水管，统一安装了温度、湿度、氨气、二氧化碳和料位、水温、水压等传感器，在配套风机、湿帘和喷雾设施上安装了智能化电磁控制阀，在猪舍内外及整个牧场区域安装了红外高清监控摄像头，并通过开发智能监测控制和智慧精准饲养管理系统等，实现对猪舍环境实时监测与远程调控、饲料与水自动智能化精细喂饲，对生猪体质和生长情况实时进行感知监测分析、产品质量全程追溯、产品网络营销与网上体验、排泄物自动回收与资源化开发再利用及牧场平台化管理和远程智能控制。

（二）技术应用解决方案

该智慧牧场系统综合运用物联网技术、智能监控技术、云计算技术、射频识别技术、移动互联技术和精准饲养管理专家系统等，由物联网感知系统、中心机房、远程智能管理大厅和网络化展示体验区等组成，并通过自主开发的配套软件管理平台系统，实现对牧场的产猪、保育、育肥、猪舍环境调控、饲料供应、自动饲喂、废弃物回收处理等实时智能管控、产品质量全程追溯及网络营销与网上体验。

1.利用环境感知与监测分析数据

开发智能数字化调控模型。利用感知设备收集的二氧化碳、氨氮、温度、湿度等各类室内环境数据，结合季节、猪品种、不同生长期及生理等特点，建立有效智能化数字调控模型，再利用湿帘降温、地暖加热、通风换气、高压微雾等设施与智能技术，实现对猪舍环境监测与最优化调控（图1）。

图1 环境监测与优化调控

2.应用智能化感知技术和饲喂系统

结合猪品种、生理阶段、日粮结构、气候、环境温湿度等因素，开发建立了智慧饲喂数字模型，实现了对饲料供量、添料时间和饮水供量、水温、水质等智能化全自动精细喂饲管理。

3. 应用射频识别（RFID）技术

开发了猪只疾病与体征感知诊断系统。利用RFID感知数据，结合物联传感与视频监控系统，通过远距离RFID阅读、无线传感网络（WSN）定位，对生猪行为及心跳、体温等实时监测，并通过猪病诊治模型、猪病预警模型，实现对生猪体质和生长情况实时感知监测（图2）、分析和智能调控。

图2　实时环境监测

4. 依托精准饲养专家系统

开发了个性化显著的物联网应用软件平台和移动应用终端，实现了系统实时精准采集环境参数、异常信息报警接受、智能自动控制、联动操作信息通知等功能。管理和技术人员通过控制室大屏系统或手机、PDA、计算机等网络终端，可随时随地对养猪场进行平台化管理和远程智能控制。

5. 运用物联网数据和智慧牧场管理云平台

开发建立了猪肉质量溯源系统、产品网上营销展示系统和移动应用终端（APP），实现了产品网络营销、质量扫码查询和远程网上体验。

6. 应用猪舍负压智能控制和高清监控系统

对舍内空气进行了统一回收和生物除臭处理，对猪粪尿进行了干湿分离实时回收，既实现了猪舍内清洁干燥和牧场无臭味，又保障了疾病有效控制和产品质量，实现了建设美丽生态牧场的目的。智慧牧场系统结构见图3。

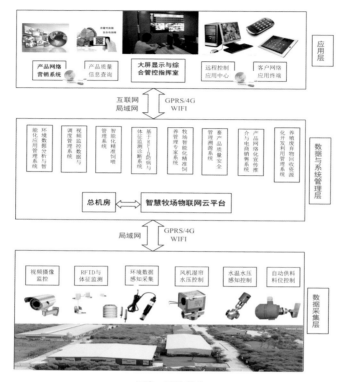

图3　系统结构

（三）系统应用效果

　　嘉华智慧牧场系统的建成和生产应用，既实现了养猪场管理的信息化、智能化水平，又为生猪在最适宜环境下健康生长、精准饲喂和生产绿色优质产品创造了条件，节本增效显著。

1.节本增效，经济效益显著

　　经生产实践和统计分析，平均每头母猪年提供商品猪从常规饲养的18.5头提高到了21.6头，增效达16.75%；每饲养2 500头生猪的用工量从4人下降到0.8人，用工节省80%；牧场节约用水达60%，各主要绩效指标均显著高于国内常规养猪的平均水平。同时，采用全生态养殖技术和智能化管理所生产的无激素、无抗生素、无重金属的"三无"健康安全精品猪肉销售价格比常规猪肉提高50%左右。

2.绿色优质，社会和生态效益明显

　　浙江华腾牧业的绿色生态智慧养猪新模式，彻底解决了我国传统养猪中

普遍存在的发病多，成活率低，效益不高和肉品中抗生素、重金属等有害物质含量高，养殖排泄物对环境污染重等难题，促进了养猪业的转型升级，经济、社会和生态效益明显，为浙江省乃至全国养猪业的转型升级创立了一种可复制模式。

3. 促进了农业生态循环经济发展

在实践绿色生态智慧养猪中，华腾牧业还从根本上解决了养猪业生产中排泄物的回收无害化处理和资源化利用的技术和途径问题，公司自主研发的污水处理设备、技术，利用猪粪尿开发的生物碳高档有机肥等，有20多项技术获得国家专利保护，其中获国家发明专利3项。

（四）系统建设亮点

1. 勇于创新，为国内生态智慧养猪开创了新技术、新模式

在应用物联网技术中，结合自身特点和生产管理需要，开发了1套具有自主知识产权的监测分析与管理系统，开创了国内首家绿色生态智慧养猪模式，并有20多项技术获国家专利保护。曾获新华社、《浙江日报》等国家和省级权威媒体报道；浙江省人民政府原省长李强（现任江苏省委书记），副省长黄旭明、朱从久和国家农业部副部长于震康等省、部领导多次前往嘉华生态智慧牧场考察；在全省畜牧业转型升级现场会上，黄旭明副省长对嘉华生态智慧牧场大加赞赏，号召在全省大力推广。该生态养殖模式与技术，在2015年还登上了美国《科学》杂志。

2. 依托物联网数据和互联网技术，实现了养猪生产与互联网的深度融合

开发建立了猪肉质量溯源系统、产品网上营销展示系统和公司客户移动应用终端（APP），使"桐香"品牌绿色精品猪肉通过公司官方网站、微博和淘宝、微信商城、本来生活网、悦活社群、蚂蚁兄弟等电商平台，实现了产品网络宣传营销、客户网上实时体验和产品质量的二维码扫描查询。

3. 通过智能化精准饲养管理，促进了农业生态循环经济发展

该绿色生态智慧养猪模式通过运用现代信息和生物技术等，研发了新型污水处理设备、技术，利用猪粪尿开发的生物碳高档有机肥等，从根本上解决了养猪生产中排泄物的回收无害化处理和资源化利用的技术和途径问题，对促进农业可持续发展及生态循环经济发展具有积极的示范和引领作用。

缙云白力岙：生猪养殖智能设施控制系统

缙云县白力岙养猪场

一、企业概况

缙云县白力岙养猪场是一家实行农业循环经济和节约型养殖的个体私营企业。公司位于中国浙江缙云县舒洪镇姓王村，注册资金10万元。占地200多亩，现有猪舍4栋，具有一定的规模。拥有员工人数达13人，具有专业技能的研发人员1人。公司主要饲养生猪，在当地销售，现已成为年出栏1 000多头，年营业额达600万元的现代化养猪场。公司采用了猪—沼—作物生态农业循环模式，不仅使经济效益超过了同行，而且生态环保，已成为缙云县农业龙头企业。

二、物联网应用

（一）基地建设情况

缙云县白力岙智能养猪设施控制系统建设项目自2014年6月启动，已累计投入36万元，其中智能控制柜及卷膜电机、滴灌系统为2.54万元，恒压供水、过滤系统材料为1.04万元，上位机监控系统材料为1.22万元，视频监控系统材料为4.65万元，顶部支架及风机改装工程为11.34万元，联网视频监控探头为5万元，其他费用为7.70万元。完成对猪舍大棚的设施智能化控制系统安装，配套建设对应的环境因子监测、生长条件监控等设备和中央控制系统，并借助物联网软件管理系统，对生猪养殖的大棚内空气温湿度、氨气浓度等

图1　实地图片

环境因子进行实时监测，初步实现了对猪舍大棚的智能化调控（图1）。

（二）项目现场的实施方案及系统设计方案

1.大棚视频监控

建设配套视频监控系统。为了达到全方位监控猪场，公司计划再安装3个球形网络高清摄像头、5个网络高清摄像头。监控系统的设计主要是利用计算机网络与图像采集技术、网络高清摄像头实时采集图形，视频图像通过光纤网络进行传输，然后通过光纤网络传输到监控中心，监控室通过集中管理软件浏览和记录所有布控点的视频图像。项目完成后不仅可实时观察猪场的情况，同时也可记录进出冷库人员的情况。

用户通过互联网登录账号，在网络上远程控制摄像头的旋转、变焦等动作，实时监控现场情况，对加强社会监督、安全防范以及突发事件的应急处理具有重要作用。

2.大棚环境信息采集

建设智能大棚：项目实施对象是一个72米×18.5米的大棚。公司计划采用湖州中安农业智能科技有限公司的猪舍大棚专用控制柜ZA-GHCS-Z作为主要的控制器。采用"一棚一柜"的设计模式，即一个大棚使用一个猪舍大棚专用控制柜，同时配备6个温湿度传感器、2个氨气浓度监测探头，对猪舍环境因子实施监测，为基地现场控制系统提供环境数据来源。

3.基地现场控制系统

该项目对猪舍冷风机、卷膜、遮阳进行自动化改造，并利用温湿度传感器检测大棚内温度和湿度情况，实时反馈给控制器，控制器分析反馈的数据，然后控制卷膜电机工作，氨气浓度过高时报警。同时，控制器将发送信息给工控机，或以短信方式发送到手机，实现远程控制和监测（图2、图3）。

图2　远程控制设备　　　　　　　　图3　系统截图

（三）经济效益

1.技术经济效益

该项目通过推进信息技术在生猪养殖中的应用效示范，实现了猪舍内的温度、猪只的营养需要、饲料需要量的智能化观察分析，可更加准确地调节和操作养殖场升降温、排湿、配料投料、清除粪便等作业，让生猪养殖更加人性化，从而最大限度提高养猪业的经营管理水平。该项目的实施，为养殖业开拓了一种新型生产模式，具有良好的推广和应用前景。

2.社会经济效益

项目实施完成后，实现了塑料大棚的温湿度控制及报警功能，提高了生猪的产量，年节省劳动力700工，年产值达100万元。可直接解决就业5人，可带动高科技畜牧业的发展，引导浙江畜牧业走向科学化、智慧化。利用智能化视频监控系统，实现了养殖过程实时监控，并通过网络、电视应用于企业和产品宣传，可有效提升公司无公害猪肉的品牌价值，提高企业品牌知名度，扩大产品区域市场占有率，同时可以通过视频展示，为其他养殖户做出示范，促进生猪养殖产业信息化发展。

平阳全胜：智能现代化模式兔舍

平阳县全盛兔业有限公司

一、企业概况

平阳县全盛兔业有限公司成立于2003年，是国家扶贫龙头企业。公司坐落于浙江省温州市国家级名胜风景区南雁山麓，占地面积55亩，建筑面积1.75万平方米，拥有5万个不锈钢笼位的恒温标准现代化种兔场（图1）。

图1　智能化兔舍内全景

公司一直以来十分注重科技进步，先后取得了一百多项荣誉。2010年，公司培育的浙系长毛兔以体型大、产毛量高、粗毛率高、遗传性能稳定、适应性广，通过了国家遗传资源委员会审定，为国家级新品种，是我国第一个自主培育、具有自主知识产权、适宜国内广大地区推广饲养的长毛兔新品种。目前浙系长毛兔种兔已推广到全国各地，客户反映该种兔耐粗饲，抗病力强，适应性广，遗传性能稳定。该成果荣获2012年浙江省科技进步一等奖、温州市科技进步一等奖等称号。

二、物联网应用

一直以来，公司法人谢传胜不满足于目前的兔子饲养环境和饲养技术，率先打破行规，于2005年开始设计、制作、使用不锈钢笼具饲养兔子，又于2012年5月独资聘请翻译去法国取经，并与法国SODALEC公司精诚合作，成功引进法国最先进的环境控制报警系统装置（图2）、全不锈钢兔笼、自动喂料装置。经过2年多的努力，自主研究出1套配套的全自动清粪装置，成功建成智能化全自动兔舍。智能化兔舍主要由以下3个控制系统组成。

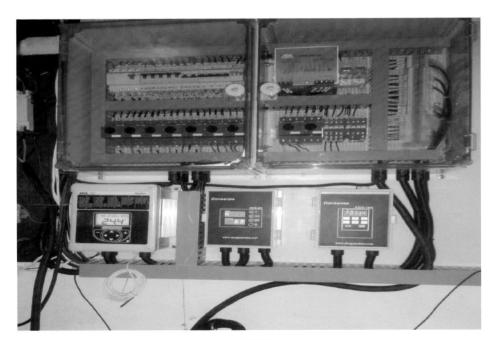

图2　环控系统

（一）环境控制报警系统装置

主要由主控制器、副控制器、探头（温度、湿度、氨气）、报警器、变频风机、水帘、加温装置等组成。探头采集信息反馈给主控制器，主控制器根据相关数据发出指令：各型号风机自动启动开关变速运转，卷帘自动升起或降下，水帘装置自动抽水，加温装置自动加温，达到降温恒温环境，减少应激，提高兔子生长速度。任一装置出现异常状态，报警系统装置即时自动报警，维修人员即时解决，确保兔舍正常运行。

（二）自动喂料装置

主要由饲料塔、U形饲料槽、平面输送带等组成。根据兔子的饲养天数调节饲喂量，每天送料2次，清料2次，每次3分钟自动完成。每次送料时，平面输送带匀速送料，保证每只兔子在第一时间都能吃到饲料，有利于兔子生长。每天每栋兔舍只需耗电1.5千瓦时，做到卫生、不浪费饲料。

（三）全自动清粪装置

主要由一个启动电机装置、输送带、凹槽等组成。每隔3个小时自动清粪一次，3分钟清理干净自动结束，每天8次24分钟只需耗电0.5千瓦时，不需要人力操作，又节省能源，同时减少80%的氨气排放量。

智能化兔舍通过控温、控湿、控光照、控氨气、自动送料、加水、加温、清粪，饲养成本降低15%，成活率提高12%，生长周期缩短一周。每个饲养员可饲养管理2栋16 000只商品兔，是传统养兔的8倍。既减少饲养员的工作量，又提高效益，真正做到了节能增效工厂化养兔。该模式荣获2015年度中国畜牧行业"优秀创新模式"称号。

杭州正兴：全混合日粮投喂信息化监管系统

杭州正兴牧业有限公司

一、企业概况

杭州正兴牧业有限公司位于临安市板桥镇，成立于1997年，是一家集畜牧养殖、加工、销售和科技等社会化服务于一体的杭州市"农业龙头企业"、省级"现代农业示范园区"、首批省级"农业科技企业"、浙江省"无公害农产品基地"、杭州市"食品安全信用优秀单位"（图1）。企业现拥有国

图1　奶牛养殖场基地

家级千头荷斯坦奶牛示范场、浙江省波尔山羊省一级种羊场、浙江省万头二级种猪场、肉类屠宰加工厂、万吨饲料加工厂等。企业占地约300亩，职工130人，其中科技人员28人(高中级职称8人)。企业奶牛场现存栏奶牛1 100头，年提供优质生鲜牛奶4 400吨。2015年，企业营业收入5 790.19万元，利税294.19万元。

二、物联网应用

（一）基地建设情况

杭州正兴牧业有限公司在浙江省率先引进瑞典TMR机器2台，改变了以往传统的人工饲喂技术，简化了奶牛饲养程序，提高了劳动生产效率，提高了奶牛健康化水平。

奶牛养殖场按生产需要配有瑞典利拉伐DELAVAL国际公司的TMR加工机器2台、MASTER挤奶王挤奶机4套、德国WESTPALIA公司的管道式自动脱落挤奶机2套、上海乳品机械厂生产的青贮饲料切割机4台，另配有人工授精仪器、电子显微镜、B超诊断仪、计算机、恒温箱、高温灭菌锅、电子天平、腹腔镜等仪器设备、常规防疫检测设备和颗粒饲料加工设备。

（二）物联网技术及产品使用情况

奶牛全混合日粮加工投喂监管系统(TMRWatch)主要由TMRWatch监控软件、TMRWatch车载控制器、TMRWatch上料机显示终端及TMRWatch守护神等四大部分组成。

1.TMRWatch监控软件

TMRWatch监控软件采用B/S结构，可在牧场局域网内部多台计算机上同时使用。具有配方管理、TMR加工投喂计划管理、TMR加工投喂计划执行情况实时监控、TMR加工投喂计划执行误差分析等功能（图2）。

2.TMRWatch车载控制器

TMRWatch车载控制器安装在TMR搅拌车驾驶室内（或搅拌机操作柜内），自动将重量数据发送到牧场监控软件系统。操作人员可通过无线方式实时接收管理方指定的计划，并可方便地观察操作编号、实时重量（或实时配方投料量）。而且会在接近目标重量时自动发声提醒，并在设定的投料误差范围内（如设定精料投放误差为10千克）停止投放原料后，该机载终端才

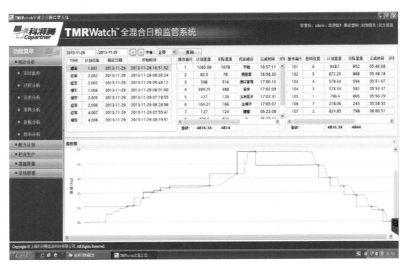

图2 TMRWatch 图形化实时监控过程

会自动跳转出下一种原料投放量的操作提示。操作人员只需在实际执行每个投喂操作前，按本设备上的"料/舍"按钮，便可以向管理方实时汇报工作的情况。该设备耐受电压为10~36V直流，具有正负极保护功能，数据缓存时间30分钟以上，与TMRWatch上料机无线同步显示器的有效信号传输距离为50米，交互反应时间为500毫秒以内。

3.TMRWatch上料机显示终端

TMRWatch上料机显示终端安装在铲车驾驶室（或TMR车尾部）等位置，便于铲车司机、青贮取料机操作员等处于不同工作位置的人员方便地查看当前TMR车辆正在执行的计划操作编号以及实时重量(图3)。一辆铲车为多台TMR设备加料时，可按3号、4号键，以上下翻动，接收对应编号不同TMR设备发出的信号。该设备耐受电压为10~36V直流，具有正负极保护功能，数据缓存时间30分钟以上，与TMRWatch车载显示器的有效信号传输距离为50米，交互反应时间为500毫秒以内。

4.TMRWatch守护神

TMRWatch守护神采用无风扇机身散热结构设计，整机运行时噪声超低，机身为全铝合金外壳(图4)，板载Intel Atom处理器板载低功耗、高性能Atom N2800，双核心处理器，功耗仅为6.5W，搭配Intel NM10高速芯片组，16G存贮空间，自带12Ah的锂电池组，配合超低功耗的优势，能在无市电下连续运行6小时以上。该设备分为多种型号，对应300~2 500米的

图3　TMRWatch上料机显示终端

图4　TMRWatch守护神

通信距离要求。该设备无线频段为900Mhz，可以进行无线信号中继，中继点数小于8，在配置中继器的情况下，可传输8 000米以上。

（三）经济效益

企业引进全混合日粮加工投喂监管系统后，奶牛场在TMR日粮配制、质量监控、奶牛生产水平及劳动生产率上均取得良好效果。表现在以下几方面。

1.提高日配粮精准度

与传统TMR加工方式相比较，大幅度缩小了配方日粮、投喂日粮、采食日粮3种日粮之间的差异，将日粮配方精准程度由以前的70%提高到95%以上。

2. 提升了管理的可靠性

有效提升 TMR 操作人员的日常工作管理，将人工操作的不可靠性由以前 30% 降低到 5% 以下。

3. 提高了产品质量并节约了成本

提高产品质量，降低产品成本，大幅度提高了经济效益，有效提高奶产量 1.01 千克/天/头，节约饲料成本 5.5%，节本增收达到 12.39%。

4. 改善了内部管理

改善了企业内部管理，使牧场能够通过改变粗放的饲养过程，实现养殖过程监测和控制，从而提高了奶牛生产系统的生产效率和养殖信息透明度，提高了工作效率。

5. 改善了生态环境

对进一步综合利用当地玉米秸秆、稻草、黑麦草、啤酒渣等各种饲草饲料资源起到积极示范带动作用，不仅有效解决了废弃物污染环境的问题，变废为宝，同时奶牛养殖所产生的牛粪作为有机肥对果园、竹林、茶园等经济作物进行施肥，进一步改良了土壤营养结构，减少了使用化肥后对土壤的破坏，极大改善了生态环境，促进使用畜牧业和当地生态环境的协调发展。

（四）实施亮点

第一是在 TMR 机加料搅拌过程中，只有加准了一种料，才能进行下一项操作的独特程序设计，确保使用工人按照配方进行操作。

第二是在不摘除原有 TMR 车重量显示器的前提下，设计通过 TMRWatch 车载控制器来完成饲料投发、发放信息的无线发送与采集。

第三是铲车上安装上料显示终端，实时接收饲料配方操作员调整的数据进行投料，确保工人更加方便地进行投料操作。

低产奶水平、饲养管理不够精细、自动化、信息化水平较低已成为制约浙江省及我国奶业发展的"瓶颈"。面对当前国内外奶牛养殖业及乳品行业的严峻形势及竞争压力，通过 TMRWatch 在奶牛标准化养殖管理中的应用，将在区域内、行业内形成信息科技带动奶业，引导奶业健康持续发展，具有良好的经济、社会、生态效益。

温州一鸣：奶牛精细化管理应用模式

浙江一鸣食品股份有限公司

一、企业概况

浙江一鸣食品股份有限公司创立于1992年，是一家从事奶牛养殖、乳品生产和销售的农业产业化国家重点龙头企业。一鸣公司的信息化建设开始于2001年，但大规模集中投入开始于2013年，随着信息化时代的到来，信息化成为企业经济转型升级、加快发展的必然选择。根据公司"智慧一鸣"发展战略目标，自2013年5月起，公司与IBM合作投资2 600万余元实施SAP ERP信息化项目。

二、物联网应用

（一）基地建设情况

一鸣公司在泰顺自建国家级奶牛标准化示范场，引进澳大利亚良种奶牛，通过科学饲养和性控技术，现存栏1 200头。一鸣公司在牧场整体采取物联网等信息化技术，实现了奶牛饲养的精细化管理。2012年被评为国家级奶牛标准化示范场。生产加工位于平阳县昆阳镇一鸣工业园，占地面积100亩。公司积极开展"机器换人"战略，进行设备和技术革新。现代化工业园现已累计投资3.7亿元，拥有世界一流的生产工艺流水线和生产设备，全线实现全自动中控控制，实现产品质量实时追溯。

（二）物联网应用解决方案

1.牧场基地

通过信息化和物联网技术对奶牛进行全生命周期的管理，打造安全智能的牧场，实现及时、有效的源头质量追溯。

2.生产加工

积极推行"机器换人"技术改造。乳品车间实现主体加工设备全部联网，通过中央控制室计算机操作，录入乳品生产工艺和技术参数，自动执行各加工工序，实现全自动化生产控制（图1、图2）。

图1　实时生产过程管理

3.车辆运输

通过无线射频识别技术借助GPS定位系统，在中央监控室可以实时掌控每辆运输车的内部温度指标、地理位置管理、实时速度等，确保食品在运输中的安全（图3）。

在牧场，将储奶罐与牧场的奶牛进行了关联，可以获取每个储奶罐来自哪些奶牛，然后针对奶罐运输车辆安装了RFID车辆识别系统和GPS定位跟踪系统，准确获取奶罐车什么时候抵达牧场，每个奶罐车安装了流量计，实时获取牛奶的重量以及对应的槽位。针对每个槽位自动分配了二维码，并通

图2　基于瑞典利乐公司的 MES生产管理系统

图3　全程 GPS车辆监控系统

过3G网络传输到总部追溯系统，奶罐车到达工厂后，质量检测人员会扫描每个奶罐车的每个槽位，并赋予质检的样品二维码，通过将样品杯与槽位进行关联。到最终检验结果扫描样品上的二维码，完成对奶源的产前检验。针对检验合格的，会到工厂进行自动称重，并进入储奶罐，然后再进入车间进行各种工序的生产加工。生产过程中涉及配方的投料也由自动投料防错系统根据配方要求，进行生产投料。生产完成后会进行罐装和赋码，到最后关联销售订单、发货单，最后由供应链系统将发货车辆和发货单进行关联。再运输到门店，门店针对该批次收货后，自动将整个过程关联，实现整个追溯的数据链闭环。

（三）经济效益

将传统的 ERP 从仓库延伸到了牧场，延伸到了客户终端，实现从源头到终端的物联互联，用大数据共享和分析，基本实现商务智能决策，对客户的需求供应链能够做出敏捷反应，用这样一种方式倒逼公司管理运营模式创新，倒逼管理者理念创新。例如公司的存货周转率从 2012 年的 8 次提高到 2015 年的 20 次，全力趋向敏捷供应。

"机器换人"概念的实现，使得一鸣公司 2014 年二期从业人员减少了一半（与一期的人员配套对比），人均劳动效率较上年同期提高 45%。生产工艺由机器代替人员操作，减少了因人员直接接触产品和操作引起的不可控风险，实现了产品的高品质。

经过近几年的建设，一鸣公司不仅自身快速发展，同时拉动了周边县市农户共同富裕。如今公司带动了 32 000 来头奶牛，近 7 000 户农户发展生产，农业产业链条得到提升，实现了农户与企业的共赢。

（四）实施亮点

通过"智慧一鸣"信息化战略的实施，打通了采购、生产、物流、销售之间的信息流，为建设敏捷的供应链体系提供了系统支持。系统不仅可以精准地分析每个终端网点的盈利能力，为销售的改进提供数据支持，还可以通过会员的消费时间、消费频次、消费产品、消费门店等信息的分析，清晰地了解会员的动态，为会员的精准营销奠定了基础。2015 年 9 月，公司在会员体系内进行销售尝试，对挂在枝头上的泰顺红心猕猴桃进行预售，短短半个月时间，4 万盒的猕猴桃提前销售一空。2015 年"双十二"支付宝活动当天，一鸣"真鲜奶吧"实际在线交易突破 60 万笔，销售额是平时的 6 倍，而系统不塞车、不掉线，保持正常、通畅的运行，保障了门店的有序经营。依托"互联网＋"，公司积极开展营销渠道和营销模式创新。2015 年，在移动端的销售额达 1.6 亿元，信息中心转型为互联网化的战略部门。一鸣公司正在由传统的农业龙头企业向互联网化的农业龙头企业转型。

第六部分　综　合

DI LIU BU FEN　ZONG HE

萧山勿忘农：现代农业创新园智慧农业综合应用

浙江勿忘农集团

一、企业概况

勿忘农集团"浙江省（萧山）现代农业创新园"，位于萧山区农业综合开发区，占地面积2 000亩。勿忘农集团成立于2003年11月，是一家集科研、生产、营销、技术服务为一体的省级龙头企业，以农作物种子种苗为核心，产业涉及蔬菜瓜果、水稻、食用菌、中药材、畜牧、农产品加工等多个领域。是浙江省现代农业、生态农业、循环农业的样板（图1）。

图1 基地全景

二、物联网应用

（一）基地建设情况

勿忘农集团"浙江省（萧山）现代农业创新园"园区信息化基础较好，园区局已有WiFi覆盖，已建基地安防视频系统、植物工厂智能化系统、肥水一体化系统等先进信息化设施，园区内温室大棚规划相对集中。

项目综合采用新一代物联网技术及农业专家知识，根据园区原有物联网基础设施，结合现有实际，以园区内24个单体大棚和2个连栋大棚为实施主体，建设智慧农业综合应用系统。实现了园区生态环境监测、设施智能控制、农产品质量安全等应用，提升了园区生产标准化、智能化和精准化水平，努力打造现代化智慧园区，推进现代农业发展。该项目自2015年3月起实施，目前已全部建设完成（图2）。

图2　项目现场

（二）项目现场的实施方案及系统设计方案

1.环境数据采集

本期针对基地2个连栋大棚安装环境监测站，7天24小时连续采集和记录监测点位的空气温度、空气湿度、光照强度、土壤湿度、土壤pH酸碱度、土壤EC等大棚内环境因子数据。同时建设基地小型气象监测站，实时采集各项生态环境参数，实现了对作物种植环境信息的实时采集、远程监测和环境调控。

2.设施智能控制系统

设施控制系统结合环境监测数据和蔬菜专家系统，对2个连栋大棚内和

24个单体大棚的设施、电力进行规划升级，实现了基于农作物生长模型和生态环境数据的设备联合智能调控及生产精准化管理。

3.农事数据采集及农产品质量安全管理

通过新一代物联网及溯源标签技术，结合专利产品"农事易"设备，实现了农业生产过程的智能化数据采集及管理。建立了电子化的农事生产档案，确保农业生产按照农业安全生产要求和标准进行。该系统主要通过投入品管理、生产过程管理和质量溯源管理，加强企业的农产品质量管理，实现农产品的正向监管和逆向溯源。

4.智能管理APP

APP以实用、简单、易操作为原则，根据业务需求和基地实际情况进行个性化设计，支持数据统计、查看、分析、本地异地控制，支持多用户同时访问。智能管理软件面向农业生产者和管理者，打破空间限制，实现随时随地通过手机或平板计算机APP方式实时查看大棚环境数据和生产现场视频图像数据、对设备进行远程控制。同时可对作物生产适宜性进行分析、研究（图3）。

图3　管理软件手机APP

5.信息发布平台

建设信息综合管理平台、移动终端、WEB等多种数据发布窗口，通过LED、电视墙、触摸屏、计算机、手机等形式呈现业务平台，查看视频画面，汇报项目成果。

（三）经济效益

1.降低生产成本

据测算，项目实施后一年每亩地劳动力投入减少10个工作日，生产者劳动强度可降低20%左右，年均节约人工费用20%以上。年均节水、节肥、节药10%以上。

2.增加作物产量

标准化的种植模式有效提升了农产品的产量。实施"智能农业"以来，设施大棚亩收益大大提升。

3.提高农产品品质

通过标准化生产管控和智能控制，提高了抵抗自然灾害和病虫害的能力，降低了病虫害发生的概率，减少了20%的农药使用，提高了蔬菜的品质。

（四）实施亮点

充分整合现有信息化资源，实现了资源共建共享，实现了数据的无缝对接；采用多种网络和传输机制，保障了系统在断电、断网等异常情况下也能正常运行；导入智能培育模型，辅助精准化生产，实现了对种苗日常培育、设施智能控制、环境适宜性分析的智能化指导。

龙游集美：病死猪无害化收集管理系统

浙江集美生物技术有限公司

一、企业概况

浙江集美生物技术有限公司位于龙游县周红畈生态循环农业示范区内，主要承担龙游县病死畜禽收集处理和综合利用。2014年3月1日建成并运行，占地面积30亩，总资产3 000多万元，日处理病死畜禽20吨。公司采用目前国内最新高温碳化处理技术，将病死动物通过冷冻分切、高温灭菌、干燥、碳化等工艺处理后，全部变为生物质碳资源化利用。公司国内首创智能网络管理平台，通过与4001057000电话和数据库的共享，做到报案方便，收集及时，数据共享，监管到位，实现病死猪处理网络信息县城全覆盖（图1）。

公司实现了病死动物无害化处理"三个结合"。一是收集点、处理中心、监管部门网络管理平台信息互动结合；二是保险、勘查、理赔与病死动物无害化处理结合；三是病死动物无害化处理与生物质碳化技术结合。构建了病死动物无害化处理的"集美模式"。

二、物联网应用

（一）基地建设情况

浙江集美生物技术有限公司通过科技创新，自行研发出了全国第1套集智能语音报案报收、物流调度、订单实时查询、病死畜禽异常预警、保险理

图1　实地照片

赔异常预警等功能的"400"专业无害化处理智能网络管理平台，通过40010 57000电话和数据库的共享，达到了报告方便，收集及时，数据共享，监管到位的目的。

　　一是养殖场户通过拨打400电话，报案、报收便捷；二是保险公司和处理中心通过"400"信息平台，及时准确地知晓报案、报收猪场的位置及数量，科学制定收集运输路线，以便及时勘查、收集，同时降低勘查、收集成本；三是保险公司凭借信息平台的数据库及时掌握各个养殖场生猪理赔率和死亡率；四是畜牧部门凭借信息平台的数据库及时掌握各个养殖场生猪死亡率，对出现异常的养殖场，及时进行实地调查指导，针对问题，寻找原因，加以解决，同时及时掌握无害化处理中心的收集、处理量。五是实现生物质炭化技术在病死动物无害化处理上的应用。中心采用目前国内最新高温碳化处理技术，对病死动物通过冷冻分割、高温灭菌、干燥、碳化等工艺处理后，全部变为无害化的生物质碳，可作为重金属的吸附剂、改良土壤的膨松剂，富含磷、钾，是提高农作物品质的好肥料，实现了病死动物的综合利用，为进一步改善生态环境发挥了积极作用。

（二）项目实现模式

　　集美公司明确以"冷冻储存、统一收集、全程监控、高温处理"为工作流程，养殖场（户）动物死亡后存放于冷库冷柜中，电话告知收集调度中心，收集中心用专业冷藏运输车辆收集，运输至集美公司进行高温处理。

1. 统一收集，确保死亡生猪收集率100%

龙游县政府专门制定出台《龙游县病死动物无害化处理管理办法》，要求养殖场做好病死动物的预先收集工作。全县生猪养殖场户必须按标准配备冷库或冷柜，存满后拨打4001057000服务电话由无害化处理中心统一上门收集。从源头上控制了病死猪流向，彻底改变了病死生猪收集难，农户处理难的状况。

2. 集中处理，确保死亡生猪处理率100%

集美公司承担龙游县域病死动物无害化处理中心建设及日常运行。中心采用目前国内最新高温炭化处理技术，对病死动物进行集中处理。畜牧部门进驻处理中心，核实处理头数，保证数据准确，确保死亡动物100%得到处理。

3. 保险联动，确保生猪投保理赔率100%

实施生猪保险全覆盖，将所有生猪纳入统保范围，投保率达到100%。养殖场户通过向4001057000无害化处理智能化管理系统报案报收后，保险公司与处理中心同时到达现场实施勘查、收集工作，填写一式四联的收集处理凭证。保险公司依据处理中心开具的无害化处理证明进行理赔，确保保险理赔准确率达到100%。

4. 智慧监管，确保无害化处理流程全监管

处理中心自主研发出全国首套具有智能语音报案报收、订单查询、死亡理赔异常预警等功能的专业智能网络管理平台（图2）。通过信息平台，养殖场户报案报收便捷；处理中心根据养殖场报案报收情况，科学制定收集路线；保险公司及时把握各个养殖场生猪理赔率；畜牧部门随时掌握养殖场生猪死亡率以及无害化处理中心的收集、处理量。同时收集车辆安装GPS定位仪，收集人员配备行动记录仪和平板计算机，收集数量纸质单据和电子订单同步确认，收集现场全程画面实时上传，实现了收集过程线上线下全程同步，全程监管。

（三）项目实施的产品使用

项目将新开发病死猪无害化处理管理系统1套，同时配套购置收集车辆及相关电子设备20台（套/批）。通过项目的实施，将进一步优化目前病死动物收集处理工作，车辆调配、收集处理等工作更加合理。实现养殖场及全

图2　系统截图

县域丢弃、漂浮病死动物及时收集处理。

（四）经济效益

通过项目建设，可吸纳龙游县农村劳动力40余人，增加了农民收入，解决了农村富余劳动力就业问题。

对全县病死畜禽进行统一收集，集中规范处理后，可有效杜绝违法销售屠宰病死畜禽现象的发生，确保畜产品质量安全和公共卫生安全。

（五）实施亮点

项目完成后，全县病死畜禽收集处理工作进一步优化，处理能力进一步得到提升，有效杜绝了病死畜禽随意丢弃、贩卖屠宰、水体污染等现象的发生，明显改善了农村生产生活环境，确保了畜产品安全和公共卫生安全，减轻了政府监管压力。同时可解决农村富余劳动力，项目社会环保效益显著。

杭州九重天：设施果蔬农业综合应用

杭州九重天农业发展有限公司

一、企业概况

杭州九重天农业发展有限公司位于富阳区美丽的富春江畔东洲岛，距杭千高速东洲岛出口约2千米，交通便捷，地理位置得天独厚。公司于2006年注册成立，注册资本1 510万元，实有资产逾千万元。公司所在地400亩绿色食品基地内已投入近1 000万元，建有保鲜冷库560立方米、初加工包装配送场地800平方米、多功能连栋大棚10 000平方米、设施保护地生产面积200亩。园区为国家级园艺（蔬菜）标准园、省级蔬菜绿色防控示范区、杭州市首家"智慧农业"蔬菜产业园区、杭州市政府"菜篮子"工程基地富阳最大的叶菜生产功能区、浙江世纪联华超市常年新鲜蔬菜供应基地、杭州地区品种最多的热带果园，年产优质绿色食品级水果蔬菜3 000吨左右。

2014年，公司申报建设了杭州市"智慧农业"示范园项目，投入资金近百万元。基地生产向信息化、自动化、智能化发展。

二、物联网应用

（一）基地建设情况

该项目重点开展设施蔬菜智慧生产技术的综合应用研究和示范。项目围绕基地蔬菜生产环境监测、设施智能控制、蔬菜栽培管理、专家系统辅助等应用，实现了环境数据和生产数据的实时、准确采集，实施设备的自动调节、控制，生产现场的远程可视化管理及蔬菜栽培种植过程标准化管控，基本实现了基地农业生产的自动化、数字化、智能化管理。

（二）物联网应用解决方案（图1）

项目对基地核心区的42个单栋大棚和3个连栋大棚进行基础设施改造，对大棚内种植的西芹、苋菜、黄瓜等作物的生态环境实施远程网络监测和控制，可实时查看每个测试区域的空气温湿度、土壤温湿度和光照强度、二氧化碳浓度等环境参数，自动控制温室大棚内的灌溉系统、通风系统，实现调温、灌溉等智能化作业，达到蔬菜种植数据实时、精确化管理。同时，管理者

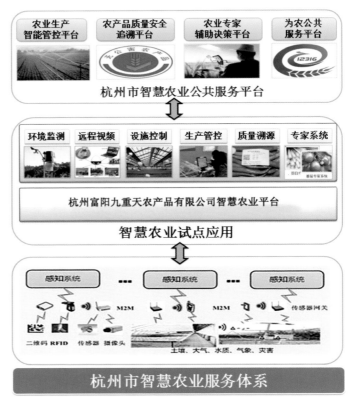

图1 系统总体框架

及其他相关人员可以通过监控视频实时查看基地安防、园区作物生长态势以及作业管理情况，方便了远程管控和实时管理（图2）。

目前，基地已选择部分产品进行生产全程管控和农业专家系统应用，已实现对农业生产资料出入库电子化管控，生产过程的施肥施药等重要农事节点实现了实时采集记录，生产档案电子台账可实时生成，并可通过二维码标签实现基地农产品的可追溯。

（三）效益

该项目将物联网技术、农业专家知识应用到蔬菜栽培过程，通过电动

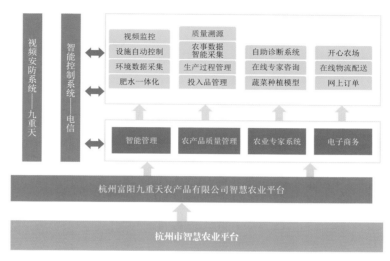

图2 系统功能模型

化、自动化、智能化操控设施设备，在降低人工成本的同时大大提高了资源利用效率与劳动生产率，提高了设施单位面积的经济收益。以前这些烦琐的事情都需要工人亲自到现场操作，且这些操作也完全凭个人的工作经验进行，费时费工不说，也不能准确地达到作物所需的最佳生长环境。应用蔬菜生产信息化智能控制系统后，不但节约了劳动力和资源，对整个农作物生长的环境也能准确控制。

同时，通过生产管控和农业专家系统的结合应用，规范了基地生产过程，促进了蔬菜种植过程标准化管控，优化了产品品质，提高了农产品生产质量安全。据测算，智能农业系统建成以来，公司管理成本降低12%，整体生产成本降低20%以上，预计单位面积产量将可提高15%以上，品质（精品率）增加5%以上，基地每年可节约人工成本8万元左右，增加产量40吨左右，可增利润12万元左右，提高农产品品牌和品质增加利润10万元左右，共计增加利润30万元左右。该期项目已成为富阳乃至杭州市的示范基地，形成了辐射带动示范优势。同时也为企业打响品牌扩大影响提供了条件，社会效益比较明显。

（四）实施亮点

1.充分整合现有资源，实现资源共建共享

该期项目建设充分整合现有资源，实现了资源的共建共享。通过对杭州富阳九重天已建系统（智能化控制系统、安防管理系统等）的多次深入了解

和沟通，明确了整合方式，实现了资源有效整合。其中对九重天公司自建的安防系统，通过NVR主动注册的方式，实现了视频数据对接；视频系统为海康威视的设备，也可通过NVR注册的方式实现对接。

2. 采用多种网络和传输机制，保障系统不间断可靠工作

系统采用多种组合技术，保障系统在断电、断网等异常情况下也能正常运行。重点包括采用无线无维护成本的ZIGBEE技术，实现基地内部数据传输；通过宽带、3G或GPRS等多种传输方式并行，确保本地数据与市智能农业平台实时对接；采用太阳能技术对关键设备供电，确保关键设备不间断工作；采用DSS技术实现网络化视频云平台访问机制。

3. 采用视频DSS技术，保障网络化、集约化视频监控

项目采用视频DSS技术，实现了分布在各基地的视频系统的网络化、远程化、集约化的管理和访问，并保障了视频数据访问的流畅性。互联网用户只需访问视频云平台中的远程监控管理平台，即可有效访问基地视频数据，无须固定IP模式即可实现远程网络化视频数据访问及管理。

4. 导入标准化生产模式，促进农产品质量安全

通过导入标准化生产管理模型，可对不同农作物各生长期所需的水分养分、主要病虫害防治等全过程进行标准化管理，结合实时的环境数据及农情数据，导出有效农事建议。同时，利用智能控制系统和肥水一体化系统进行智能管理，促进了作物生长，并保障了农产品产地准出质量，方便农产品质量溯源，保障了放心消费。

5. 采用智能采集设备，实现生产数据自动采集

该项目综合采用新一代物联网技术建设智能化农事生产数据采集设备，辅助实现基地农业生产数据的自动化、傻瓜化采集，取代了传统的数据手动输入模式，大大减少了人工数据采集工作量，并充分保障了数据采集的准确、可靠性，实现了农产品基地生产过程自动化、数字化、智能化管理。

6. 建设蔬菜专家系统，实现精准化生产

结合基地实际情况，建设相关农作物的知识库。设计基地主要农作物的适宜性模型、智能控制模型及标准化生产模型，实现了对农作物日常培育、设施智能控制、环境适宜性分析及病虫害诊断等作业活动的智能化指导。同时，辅助自助诊断系统和远程专家在线咨询，实现了农事指导和科技服务。

台州绿沃川：智能温室无土栽培技术物联网监测系统运行模式

台州绿沃川农业有限公司

一、企业概况

台州绿沃川农业有限公司的前身为台州市绿沃川农场，始创于2013年10月，2016年1月更名为台州绿沃川农业有限公司，注册资金为2 018万元。公司是一家集果蔬种植、良种培育、淡水养殖、农业观光、农技培训、农技推广等生产经营及多项服务于一体的现代高科技农业企业。位于浙江省台州市黄岩区，毗邻当地颇有名气的长潭水库，山清水秀，自然环境得天独厚，交通便捷。

绿沃川将秉承"绿色生态，健康环保"的基本宗旨，遵循生态效益、社会效益、经济效益相结合的经营原则，贯彻"立足本地、带动全省、辐射全国"的发展理念。依托欧洲最先进的农产品栽培技术，努力打造国内绿色无公害农产品知名品牌。以台州绿沃川农业示范基地为中心，在全国各地开展项目和技术合作，争取经过几年的努力，把绿沃川打造成为国内引领高科技生态农业的龙头企业。

二、物联网应用

(一)基地建设情况

台州绿沃川农业有限公司所属农场的建设分三个阶段:

第一阶段为蔬菜水培基地建设。占地面积为40亩,主要种植各类优良蔬菜。总投资为3 000万元(其中物联网技术基础设施投入30万元)。建成后可进行年内四季循环复种,各类蔬菜的年总产量预计可达2 000吨,销售范围覆盖华东地区。

第二阶段为草莓栽培基地建设。占地面积为37亩,总投资为2 600万元(其中物联网技术基础设施计划投入20万元)。以种植进口优良草莓品种为主。

第三阶段为育苗基地建设、花卉基地及农业旅游观光项目建设。占地面积为120亩,目前正在建设规划中(图1)。

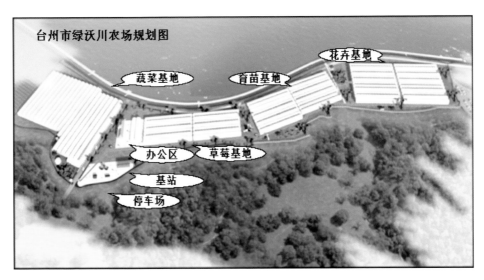

图1 基地平面

(二)物联网技术及解决方案

该农场目前已经完成的蔬菜生产基地、物联网技术的设备设施配置与实际应用的总投入为30万元。

1.物流信息技术的应用

（1）利用物联网技术推动物流信息技术的应用和标准体系的建设，降低物流成本。

（2）通过物联网和现代3G技术，将气象、室温与作物生长采集点图像进行联网，实现远程实时监控、传输、存储和管理。

（3）物联网的应用，有效地提高了生产效率，同时也为生产基地与消费市场间搭建了一个网络沟通平台。消费者可通过实时的网络视频了解农场种植全过程，从而达到对农产品的放心使用。

2.远程控制与实时采集

（1）通过无线信号收发模块传输数据，经过信息控制中心的计算机自动分析，实现了对温室内的温湿度、光照强度、二氧化碳浓度、培植池水温、室内通风、顶窗泄压等系统的技术指标的远程控制，可自动开启或者关闭指定设备进行调节。

（2）温室里安装了温湿度传感器、光照传感器、二氧化碳传感器、水培池水肥传感器、栽培槽根系温湿度传感器及数据采集器等。

（3）数据采集器采集到的数据信息可通过有线或无线方式向外发送，信息控制中对接收到的各类数据进行计算机自动分析做出结论提示。中心管理员做出相应的操作，从而实现了大棚蔬菜的智能化管理。

（4）通过视频监控系统，能更直观形象地了解作物的生长环境和生长情况（图2）。

图2　监控设备

（5）在设定温室内的温湿度、光照、空气、水温、肥料等技术参数指标值后，计算机程序根据农场设定的目标值控制及监测电磁阀、水循环系统、施肥系统、天窗、内遮阳、外遮阳、排风机、湿帘、加温设备、加湿设备、二氧化碳发生器等设备的状态，以保证温室内以上几项参数在事先设定的目标值范围之内。

3.信息控制中心

（1）主控制器可在线实时24小时连续地采集和记录监测点位的温度、湿度、风速、二氧化碳、光照强度等各项参数，以数字和图像等多种方式进行实时显示和记录存储。

（2）数据采集器提供USB接口，在没有配置无线监控计算机或监控计算机损坏、瘫痪时，可随时用USB连接导出，将数据转至其他计算机。

（3）温湿度监控软件采用标准WINDOWS全中文图形界面，实时显示、记录各监测点的数据值和曲线变化，统计各个数据的历史数据、最大值、最小值及平均值、累积数据等。

（4）主控器具备强大的数据处理与通信能力。采用计算机网络通信技术，局域网内的任何1台计算机都可以访问监控计算机，在线查看监控点位的变化情况，实现远程监测。

（三）经济效益

由于实施温室种植的管理的自动化、智能化、信息化技术，极大地提高了生产效率，也体现了现代农业"机器换人"所产生的直接效率。

1.产量的提升

该农场的蔬菜基地，从蔬菜的催芽期、幼苗期到水培期，整个温室的温控由计算机自动控制和调节，极少受外界温度影响，水培期（即成品期）平均生长30天便可收获。传统蔬菜种植根据蔬菜品种不同，复种2~4次，如生菜种子，一年可复种3次，亩产量2~4吨，而该农场的蔬菜种植生产周期短，且一年可复种12次，亩产量40吨。亩产量整整提高了10倍，销售价格比普通蔬菜高出50%。

草莓基地建设完成后，年内复种草莓2季，预计年亩产量为10~15吨，是传统草莓种植的5倍以上。销售价格比传统草莓高40%~50%。

在产生显著经济效益优势的同时，也体现了一定的社会效益。该农场生产基地年节水达15万吨，节肥1800吨，节约农药500吨。节约土地900亩。

2. 生产效率的提升

运用传统种植技术，种植200亩土地需要100人（按照1人/2亩/年计算），而运用该农场目前的"自动化（生产）+智能化（温室）+信息化（物联网）"现代农业种植技术，种植100亩土地仅需20人。全部实行机械化操作，种植机每小时播种13万株，每小时移植幼苗1.2万株。并且实行的是室内工厂化操作，不但减少了劳动力，也大大降低了作业人员的劳动强度和天气带来的影响。

3. 食物安全性的提升

通过"自动化（生产）+智能化（温室）+信息化（物联网）+市场营销"现代化农业生产经营，保障了农产品优良的生态环境：实行了产前、产中、产后的链条型全程监控。该农场水培蔬菜和草莓栽培最大优势是不使用农药，极大提升了食品的质量，不存在食品安全隐患，保障了消费者的身体健康。同时降低了食品安全方面的经济投入。

（四）实施亮点

该农场的物联网建设与实施有以下几方面亮点。

主要领导对这项工作非常重视。从农场创办伊始，就将这项工作纳入总体规划中，执行的是同时规划、同时设计、同时建设的"三同时"路线图。导入物联网建设后，项目建设的总投资额将增加1%~1.5%。

在采用国外先进的技术设备时，所引进的技术和设备就已经具备了国际领先的自动化、智能化和信息化功能。如采用国内设备，费用可节省30%，但自动化、智能化的技术水平可能有一定差距。

引入生产过程智能化、自动化、信息化、可视化、精准化物联网模式，真正实现了现代高科技农业生产的"人、机、物"有效联动管理机制。据估计，起码可提高工作效率十几倍甚至更多。

实施物联网模式在节能降耗，控制生产管理成本，提高产量，拓展市场营销渠道等方面有着实实在在的体现。

食品安全的透明度增加。消费者可以从互联网、手机上直接了解农场的生产情况，提高了该农场的蔬菜、草莓等农产品是百分之百的不喷农药、无环境污染的有机产品的信誉。

温州雅林：生产温室实施智能化控制系统

温州雅林农业有限公司

一、企业概况

温州雅林农业有限公司成立于2013年11月29日，由温商回归代表陈彩权联合浙江雅林园林有限公司的江建娜、颜碎表等自然人股东组成，注册资金1 000万元。公司主要经营花木、蔬菜、水果的种植、销售；水产品养殖；农业观光服务；会议、会展服务；初级食用农产品的销售。公司基地（温州雅林现代农业园）选址于温州市龙湾区空港新区永兴街道，温州永强国际机场以南4千米，滨海大道以东，通海大道以北，旧堤塘以西；覆盖莘芳、南桥北、沙园等3个村，总用地面积为1 518亩。公司以现代都市农业开发为宗旨，汇集规模化现代花卉、初级农产品的种植与经营、旅游观光开发、休闲采摘、劳动体验、科普教育等功能，是一个既具有江南水乡特色，又具有国家级水平的农业综合体，同时也符合龙湾区的总体规划布局和东部绿轴建设的要求。公司以"精品、科技、生态"为发展目标，倾力打造全国一流的休闲观光农业园。

基地主要由花卉展览园、农业文化博览园、农业科技园、月光雅林四个主题部分组成。一期部分于2014年5月开工建设，2015年2月完工并投入运营。已兴建农家乐休闲、体验设施，如花展园、热带植物园、桂花园、樱花林、紫薇林、玉兰林、仿野森林、游乐拓展等。截至2015年12月，共接待游客60万人次，提供就业岗位350多个，带动周边农户180多户。并举办了郁金香、虞美人、马鞭草、波斯菊、黄金菊、女人花等多种不同类型花展。二期部分以农业科技生产为主，于2015年3月开工，计划2016年10月完工并投入运营，截至6月，该部分的农业科技园区已投入生产运营。

二、物联网应用

（一）基地建设情况

基地内农业科技园内采用玻璃温室智能化控制系统，园内6 048平方米的水培园安装了远程智能大棚管理系统，配套建设温室环境因子监测、生长条件监控等设备和中央控制系统，并借助物联网软件管理系统，对生产温室内光照、温度、湿度、二氧化碳浓度等环境因子进行实时监测。初步实现了对生产温室的智能化调控（图1）。

图1　实地图片

（二）生产温室的实施方案及系统设计方案

1.温室视频监控

根据现场温室面积大小，相应配置数字球形全方位摄像头5台、数字摄像头11台。安装在离风机工作时所产生震动范围以外的可固定的主梁上。

2.温室环境信息采集

根据基地现场温室分布情况安装放置2套空气温度湿度传感器、2套光照传感器。所有传感器都采用WSN自组网免运营费的模式无线发送模式，并采用目前最先进的低功耗锂电池供电方式，配置可移动的安装支架，方便摆放和设备位置移动（图2）。

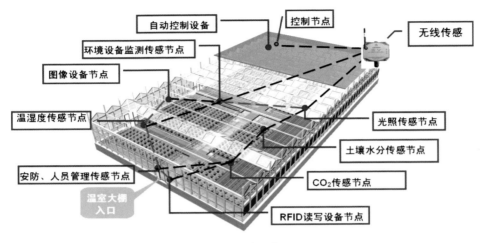

图2 设备分布

3.基地现场控制系统

现场生产温室要求同时达到本地和异地控制的功能效果,配备了自动控制柜,具备大屏幕液晶触摸屏现场显示系统的各项功能(图3)。

4.后台控制软件系统

软件平台的界面可根据客户的需求或提供相应规格的图片进行人性化设计,从而可以与客户的企

图3 远程控制系统

业文化或是基地的规划情况相结合(软件支持数据统计、查看、分析),可本异地控制,支持TP地址互联网访问,并支持多用户同时访问(支持增加异地基地的控制),支持视频系统映射,支持手动控制和自动控制功能、软件界面报警,支持3D界面设计。

5.中央控制室平台

中央控制室作为企业对外的窗口以及接待领导参观的重要场所,必须布局合理,室内环境通风防潮,所有设施都要在控制室得到好的展现。考虑到公司形象,中央控制室配置都应按照较高的设备来配置。

（三）经济效益

生产温室智能化控制系统建设项目的实施，初步实现了：

1.温室内部环境因子的实时监测

通过布置在温室内部的2套温湿度远程采集器和两套光照度远程采集器，自动采集温室的种植环境数据（空气温湿度、光照强度、室内二氧化碳），并发送到计算机上，为技术员提供及时、准确的植物生长环境，使其准确地判断、调整温室内的即时环境条件，实现了相关技术参数的自动实时储存。项目实施后，初步估算节省了约20%的劳动力。

2.温室内部安全生产及作物生长监控

通过安装温室视频监控系统，实时监测植物的长势，及时发现病虫害。方便技术员针对实际情况开展水肥管理和病虫害防治，提高了管理效率和精准度。由于实现了可视化管理，创新了销售模式，能够实现客户在线订购。在方便客户选购的同时，公司的销售管理费用同比节省15%。

3.温室环境实时查询和自动控制

在园区生产管理中心建立了智能化控制中心，配套了一个中央控制平台和显示屏幕。通过控制柜的液晶显示屏，可在工作现场查询温室的环境因素，并利用标准化参数设定控制温室风机、湿帘、外遮阳、内保温以及加温锅炉等设施，实现了精准调控，大大减少了煤、电能耗。

4.农业物联网的有效应用

通过设定作物的最佳生长环境因子，依托物联网软件系统根据设定的指标完成对温室设施设备的自动调控，支持报警功能，确保安全生产。还建立了Internet访问系统的IP地址，通过授权用户可以在任何时间、任何地点查看环境数据、视频系统和控制平台，便于专家开展网络会诊。大大提高了公司花卉产品的生产品质，销售价格也明显提高。

（四）实施亮点

温州雅林现代农业园通过积极建设并运用生产温室智能化控制系统，创新建立了对温室果蔬生产环境的智能感知、智能预警、智能决策、智能分析、专家在线指导的全新栽培管理模式，具有积极的推广价值。项目的实施，真正实现了花卉生产过程的标准化、信息化、可视化、精准化管理，在节能降耗、控制成本、提升品质等方面有显著成效。

仙居海亮：生态农业物联网应用模式

海亮生态农业仙居有限公司

一、企业概况

海亮生态农业仙居有限公司是明康汇生态农业集团有限公司下属分公司，于2013年3月注册成立（注册资金5 000万元），坐落在仙居县双庙乡境内。经营项目主要有各种果蔬种植与销售、畜禽养殖与销售、水产养殖，农产品初加工、农业技术研发推广、农业观光服务等，是一家以有机农业为主导，专业从事有机农产品生产、加工和物流配送，以有机农业科技生产展示、生态观光、科普教育为纽带，集生态、生产、生活于一体的有机农业企业。基地一期规划占地约3 000亩，目前，已投入经营1 600亩。2014年实现销售收入2 728万元，资产总额8 872万元，资产负债率59%。

明康汇生态农业集团有限公司原为海亮有机农业有限公司，成立于2012年10月23日，后更名。位于浙江省诸暨市店口镇。是由海亮集团投资成立的集科研、种植、养殖、加工、仓储配送、销售为一体的生态农业全产业链企业，注册资本5亿元。2014年实现销售收入10 010万元，年末固定资产3 127万元，资产负债率60%。截至2014年12月，明康汇生态农业集团在浙江、安徽、江西、福建、广东、河北、黑龙江等15个省、市、自治区迅速兴建了30多个基地，总建设规模达114万亩。

信息化投入情况：规划总投入1 200万元，目前，已投入395万元。其中，土建投入160万元，软件研发及合作投入120万元，设备采购投入55万元，配套设施投入20万元，人员经费40万元。

二、物联网应用

（一）基地建设情况

为提高公司管理效率，推动业务良性扩展，公司领导层以强烈的社会责任感、使命感，借助云计算平台及行业领先的视频处理技术，通过专业的IT系统集成及运维服务，实现了工厂实时可视化管理与监控，并可将视频信息、数据直接呈现给大众，为食品溯源提供了整套解决方案（即生态农业物联网应用模式），对企业品牌形象提升和差异化市场竞争具有重要意义。

通过这种物联网应用模式，可将基地现有3 000亩规模（1 000亩蔬菜大棚、1 500亩露天果蔬园，年存栏畜类20 000头、禽类100万羽的养殖区）全部纳入系统管理范围内，实行高效管理、专业管理、分类管理。种植品种包括叶菜类、茄科类、豆科类、根茎类30个品种，养殖品种包括仙居鸡、三黄鸡、皖南黑猪、长白猪、杜洛克等10多个品种，全部可分类施种、分类施养。并实现全程可追溯。

（二）物联网应用解决方案

1.背景

伴随企业的不断发展，为提高管理效率，推动业务良性扩展，公司领导层以强烈的社会责任感、使命感和对消费者负责的态度，借助云计算平台及行业领先的视频处理技术，通过专业的IT系统集成及运维服务，实现工厂实时可视化管理与监控（图1），并可将视频信息、数据直接呈现给大众，为食品溯源提供了整套解决方案，对企业品牌形象提升和差异化市场竞争具有重要意义。

图1 监控截图

2. 内容

为公司提供远程视频及现场环境监控的整体服务解决方案，内容从方案设计、软硬件联调测试，云平台接入管理、日常运维等端到端的服务。对现有工厂进行了视频系统升级改造，以保护现有投资，并为后续新工厂配套建设应用新技术的云视频和环境监控系统。达到可让外来参观人员在公司总部大屏幕、手机APP等途径观看养殖场的各处实际场景，让客户看到真实的生产环境，认可安全、健康、好吃的海亮产品。

（三）经济效益

第一，通过物联网设备自动采集基地的种植环境数据（空气温湿度、土壤温湿度、光照强度、室内二氧化碳），并发送到计算机上，为技术员提供及时的、准确的植物生长环境，使其准确地判断、调整温室内的即时环境条件，实现了相关技术参数的自动实时储存。项目实施后，初步估算节省了约20%的劳动力。

第二，安全生产及作物生长监控。通过安装的视频监控系统，实时监测植物的长势，及时发现病虫害。方便技术员针对实际情况开展水肥管理和病虫害防治，提高了管理效率和精准度。由于实现了可视化管理，创新了销售模式，能够实现客户在线订购，在方便客户选购的同时，公司的销售管理费用同比节省15%。

第三，农业物联网的有效应用。通过设定作物的最佳生长环境因素，依托物联网软件系统，根据设定的指标完成对温室设施设备的自动调控，支持报警功能，确保安全生产。还建立了Internet访问系统的IP地址，通过授权用户可以在任何时间、任何地点查看环境数据、视频系统和控制平台，便于专家开展网络会诊。项目的实施大大提高了公司产品的生产品质，销售价格也明显提高，年增效可达180万元。

（四）实施亮点

海亮生态农业仙居有限公司通过积极建设并运用物联网系统，创新建立了对作物生产环境的智能感知、智能预警、智能决策、智能分析、专家在线指导的全新栽培管理模式，具有积极的推广价值。项目的实施还真正实现了生产过程的标准化、信息化、可视化、精准化管理，在节能降耗、控制成本、提升品质等方面作用明显。据初步估计，该项目的实施年创经济效益超过540万元。

嘉兴百玫：农业物联网基地建设

嘉兴百玫生态农业科技有限公司

一、企业概况

　　嘉兴百玫生态农业科技有限公司位于国家级现代农业园区及平湖市省级现代农业园区"新广省级现代农业综合区"，坐落在平湖市广陈镇港中村，是一家以优质农产品生产销售为主，兼顾休闲观光农业服务的综合性农业企业（图1）。公司成立于2008年10月，注册资本800万元，现有员工85人。公司投资5 000万元，建成了集科研、示范、推广和休闲观光于一体的百玫农业科技生态园。生态园总面积680亩，其中大棚设施面积150亩（其中连栋大棚30亩）、露地面积300亩，园内道路、沟渠、水电等基础设施比较完善。建成了引自以色列的先进的喷滴灌系统。2016年上半年资产总额3 111万元，固定资产1 813万元，销售收入1 524万元，其中网上销售360万元，

图1　基地

利润82万元，税收1.5万元。资产负债率44%。

二、物联网应用

（一）基地建设情况

百玫生态农业科技有限公司物联网基地建设项目的重点内容，是在广陈镇港中村新建10亩农业智慧园区示范基地（图2）。到2014年5月底止，已全面完成了各项建设任务，共投入建设资金55.22万元，完成计划投资的102%。

图2 大棚内景

1.基础设施建设

滴灌首部建设、管道及配件安装和营养液配制中心1套；引进一条1 500米长的30KV输电线路；其他基础设施（排灌、道路等基础设施完善）（图3、图4、图5）。

图3 高效节水灌溉系统——立式喷灌

图4 高效节水灌溉系统　　　　　图5 病虫害生物、物理防治黄板

2.智慧园区建设

土壤湿度、光照度、空气温湿度传感器18台；数据采集设备2套；自动卷膜器及辅助设施28套；全球眼监控设施4套；网站建设及维护1套；计算机及多媒体设备3台（图6、图7）。

图6 监控探头　　　　　　　　图7 数据采集器

3.技术推广

生产性费用（购买生产资料、生产用工）投入9.75万元；会议、宣传费、技术培训费投入3万元；技术考察费投入3.29万元；日常运转开支（设备维护、水电费等）投入3.23万元。完成计划任务的100%。

（二）实施亮点

1.注重新品开发，增强农产品竞争力

百玫农业坚持以新品为主导，发展生态循环农业与保障农产品质量安

全并举，不断增强农产品市场竞争力。2011年企业被认定为无公害生产基地。开展科研合作育新品，推广新技术，与科研院校合作研发的粉红太郎系列大番茄，产量高、品质优，具有降血脂等保健功效，市场供不应求。2015年引种的40亩百玫大米，口感好，营养佳，基本达到有机大米要求。引进种苗自主繁育的朗德鹅，营养丰富，肉质鲜美，获得市场普遍欢迎，鹅肝可开发罐头食品，市场潜力巨大。发展生态循环种养业提品质。采用鸡粪—瓜菜—瓜菜枝叶—鸡鹅鸭鱼循环模式、鱼塘水面养鹅—鹅粪肥水养鱼循环模式，种养循环利用，延长生物链，提高农产品品质。建立了农产品质量安全追溯制度保品质。依托市优质农产品质量追溯系统平台，在农产品销售标签上印有生产信息条形码，在计算机上轻轻一点鼠标，就能清楚看到农产品的生产全过程，实现了从田头到餐桌全程质量监督，让消费者吃得明白，吃得放心，赢得上海、杭州、嘉兴等市场的青睐，市场份额不断扩大。

2.注重品牌联销，提升农业经营效益

百玫农业本着生产适应市场，市场决定生产的经营理念，坚持以市场为引导，将生产与销售紧密结合，提高农业经营效益。经过多方考察和选址，于2011年4月18日在平湖城区率先开设产品直销店，目前已发展到10家。各直销店统一使用"亲水百玫"品牌销售，园区根据直销店需求，每天专车配送。采取IC卡交易模式，持卡一刷交易完成，方便顾客，赢得了好评。并通过ERP管理网络系统，对直销店农产品每天进货量、销售量进行实时管理，确保园区农产品配送，满足市场需求。农产品直销连锁模式，既是企业联结市场的窗口和平台，又是减少销售环节，增加企业效益的有效形式，使消费者吃到物美价廉的"放心菜"，实现双赢。

诸暨山下湖：早稻集中育秧中心育秧智能化检测与控制系统

诸暨市山下湖水稻集中育秧中心

一、企业概况

诸暨市山下湖水稻集中育秧中心位于浙江省首个省级粮食生产功能区——诸暨市山下湖镇新桔城省级粮食生产功能区，育秧主体为诸暨市山下湖镇新桔城粮食专业合作社。投入资金535万元，建造了占地7亩的集农技、农机和种子农资服务为一体的综合服务中心，现拥有智能化育秧中心一个240平方米，连栋大棚1 800平方米，单栋大棚4 000平方米，插秧机、旋耕机、播种机、施肥机、收割机等农机具30台（套），全面推行水稻集中育秧、机插、机收、统防统治等社会化工作。

二、物联网应用

（一）基本建设情况

在诸暨山下湖新桔城粮食专业合作社，各个育秧大棚内布设了湿度管网和多个加温点，通过网联网系统对大棚进行自动实时监测、自动控制，提供最适宜育秧的温湿度环境（图1）。

图1　现场应用及现场照片

（二）物联网技术

基于物联网的精准农业监测系统被应用于水稻育秧的种植管理，在种植区域内的传感器实时采集农作物生长所需的空气温度、空气湿度等参数，所有数据汇集到中心节点。通过一个无线网关与互联网相连，利用手机或远程计算机可以实时掌握农作物现场的环境状态信息。管理人员可根据环境参数诊断农作物的病害状况，及时制定防治措施。在环境参数超标时，系统可以远程对遮阳帘、风机、灌溉设备等进行控制，实现农业生产的智能化管理。

1.项目物联网整体架构

该系统包括传感终端、通信终端、无线传感网、控制终端、视频监控设备和物联网管理平台。水稻育秧大棚监控及智能控制解决方案通过光照、温度、湿度等无线传感器，对农作物温室内的温度、湿度信号以及光照、土壤温度、土壤含水量、二氧化碳浓度等环境参数进行实时采集，自动开启或者关闭指定设备。

2.智能温室监控系统

智能温室监控系统由无线采集终端和各种环境信息传感器组成（图2）。环境信息传感器监控的环境指标包括：温室内空气温/湿度、光照度、二氧化碳、土壤温/湿度、土壤养分、温室环境等信息。

光照传感器 空气温湿度传感 二氧化碳传感器

图2 各类传感器

（1）土壤信息传感器。主要用于监测土壤水分、土壤温度情况，通过信息监测指导灌溉。采集数据通过本地数据采集器显示以及通过汇聚节点远程传输到监控中心。

（2）空气环境信息传感器。主要用于监测空气温度、湿度、露点、光照强度、二氧化碳浓度等环境参数，通过信息监测指导通风、遮光的操作。采集的数据通过本地数据采集器显示，通过汇聚节点远程传输到监控中心。

（3）手机APP系统。通过手机终端APP（图3）可随时随地查看温室大棚内的农作物生长情况、病虫害情况、环境气象信息以及设备的运行状态，并可远程控制相关设备。

（4）视频监控系统。该系统由高清球机、视频存储设备以及配套的网络传输设备、杆件等组成，可以实现远程的实时监控、视频存储、回放等功能。

图3 手机APP截图

（5）前端智能控制系统。远程控制的实现，使技术人员在办公室就能对多个大棚的环境进行监测控制。控制设备包括内遮阳、外遮阳、风机、湿帘水泵、顶部通风、电磁阀等设备。控制系统由计算机、测控模块、各种传感器、电磁阀、配电控制柜及安装附件组成，通过无线WiFi或GPRS模块与综合控制中心连接。通过传感器监测空气温度、空气湿度、土壤温度、土壤水分、光照强度及二氧化碳等参数，构建测控点，实现日光温室环境获取、自动灌溉、自动控制等功能，提高了设施生产自动化、智能化程度，具有较好的示范展示效果。

3.物联网管理平台

通过物联网管理平台（图4），可将土壤信息感知设备、空气环境监测感知设备、外部气象感知设备、视频信息感知设备等基础数据进行统一存储、处理，并可通过分析控制软件进行智能决策，形成有效指令，通过报警或者直接控制的方式调节设施内的微气候环境。

图4　育秧系统平台软件界面

（1）数据展示模块。该模块能够将空气温湿度、光照度、二氧化碳、土壤温/湿度、土壤养分、环境气象等监测数据在GIS系统中直观显现，方便进行远程监测和管理多个基地站点设施信息。

（2）预警管理模块。当空气土壤的温/湿度等环境数据超过设定的预警值时，系统自动报警，并对生成的环境预警事件进行记录，便于事后查询。

（3）设备远程管理模块。平台可以实现对空气温/湿度传感器、二氧化碳传感器等环境监测设备以及温室内风机、湿帘等环境调控设备的工作、运行状态进行自动或手动远程巡检，对设备的工作、运行状态进行统计管理。

（4）对比分析模块。平台除了可以对温室空气温湿度、光照度、二氧化碳、土壤温/湿度、土壤养分、环境气象等数据的历史数据进行查询，还可以将环境监测数据以及环境预警事件信息以图表形式（图5）进行统计分析，为决策提供科学依据。

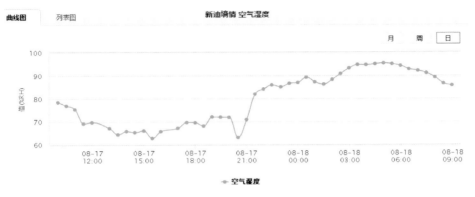

图5 空气湿度报表

（三）经济、社会效益分析

1. 社会效益

运用物联网技术，通过智能化控制系统根据作物的需要精准地进行肥水供给，有效节约了肥水的使用量，节约资源避免了浪费，避免了过量使用对土地造成损害。同时，有助于节约能源，减少化肥污染，提升农产品品质，为农业节能减排、保护环境和发展低碳经济做出了贡献，社会效益十分可观。

2. 经济效益

经统计，通过调控秧苗的最佳出苗温度、湿度，可以大大缩短秧苗育成时间，原来需要5~6天育成一叶一心的秧苗，现在2~3天就可以转移到普通大棚育秧点炼苗，再过20~25天就可以机械插种了。出苗管理时间由5天缩短到2~3天，为下半年的双季稻插种争取了时间。由于设备利用率和劳动效率提高、秧苗质量提高，育秧难问题得到缓解，育秧总体成本下降了15%。

（四）项目建设亮点

项目的实施，使基地的智能化程度大大提升，环境调控实现插种精准化。农民日报、浙江日报、绍兴日报、绍兴电视台等媒体进行了大量报道。目前这种育供秧模式已列为浙江省粮油产业技术创新与推广服务团队项目研究和示范内容，并计划在诸暨、鄞州、余姚、瑞安、嘉善等地建立示范基地，并逐步在早稻、连作晚稻和单季晚稻等各类水稻育秧上推广。

嵊州蓝城：温室智能化控制系统

绿城现代农业开发有限公司

一、企业概况

蓝城农业嵊州基地（即绿城现代农业开发有限公司）于2012年11月在嵊州市正式成立，注册资金1.17亿元，系绿城集团与浙江省农业科学院共同推动组建的现代科技型农业企业，致力于打造各类农产品生产、加工、检测、流通于一体的现代农业发展平台和载体，推动农业生产的标准化、集约化、规范化、产业化、品牌化发展，努力创建国内一流的农业科技型企业（图1）。公司法定代表人宋卫平，宋卫平先生一直重视家乡的发展，秉承着情系故土、回报家乡的赤诚之心，更抱着扶持农业的心，建立了绿城

图1 实地图片

现代农业开发有限公司。

　　蓝城农业嵊州基地位于嵊州市甘霖镇施家岙村，占地总面积2 259亩。经过三年来的建设和发展，已累计投资1亿多元，完成50亩高档智能化温室、育苗工厂等设施建设，已建成投产100亩精品蔬菜连栋大棚设施化栽培基地、1 300亩露地标准化栽培基地及500亩名优水果栽培基地。基地以种植蔬菜、瓜果为主，2016年商品化产量预计将超过800吨。基地现有管理人员31人，日常农民用工150余人。

二、物联网应用

（一）基地建设情况

　　蓝城农业温室智能化控制系统建设项目自2013年1月启动，已累计投入100多万元，完成了雨水收集池、泵站、管理房等基础设施的建设，完成了对园区33 335平方米的高档生产温室实施智能化控制系统安装，包括远程视频监测整合与非法闯入报警子系统、温光水实时监测及棚内现有设施的自动控制子系统、泵站智能联动与单体棚分区块智能滴滴灌子系统、大棚自动卷膜、植物智能补光子系统、冬季育苗智能升温子系统、水体检测与自动增氧子系统、农产品溯源示范子系统。智能化控制系统的建设初步实现了对温室的智能化调控。

（二）物联网解决方案

　　该系统是对各农业精细化生产共性部分进行设计，形成的一个标准化的、相对独立的应用系统，包括前端数据采集设备、传输网络、应用软件和远程操作终端。系统具备信息（场景）远程查看、生产预警、生产智能化、远程控制等功能。企业也可根据自身实际需求进行扩展，增加企业管理、市场营销和物流管理等内容。

　　基于农业模型和智能远程控制的农业设施物联网系统与政府公共服务平台之间相辅相成，服务平台可以从智能生产管控系统提取视频图像数据、生长环境数据等，夯实蓝城农业智慧农业基础。

（三）经济效益

　　项目建设综合应用新一代计算机与网络技术、物联网技术、视频技术、移动互联技术及农业专家知识，打造智能化果蔬种植示范基地和"智慧农业园区"，实现了农业生产过程的可视化、智能化、远程化控制、诊断、预警和决策，提升了基地现代农业生产标准化、农产品安全生产、农事预警等水平。温室智能化控制系统建设项目的实施，初步实现了：

第一，通过无线传感器，温室内部环境因子的可进行实时监测，自动采集温室的种植环境数据（温湿度、光照强度、室内二氧化碳等），并发送到计算机上，为技术员提供及时的、准确的植物生长环境，使其准确地判断、调整温室内的即时环境条件，实现了相关技术参数的自动实时储存。通过旋转视频系统，可实时的监测植物的长势，及时发现病虫害。方便技术员针对实际情况开展水肥管理和病虫害防治，提高了管理效率和精准度。项目实施后，初步估算可节省约20%的劳动力和10%的管理费用。

第二，通过雨水收集池及智能化控制温室风机、湿帘、外遮阳、内保温以及加温锅炉等设施，实现了精准调控，大大减少了水、煤、电能耗，直接节省成本超过10万元。

第三，温室智能化控制系统建设项目的实施，大大提高了公司农产品的品质和产量，产品销售价格也得到了较大提升。

第四，实时的监测植物的长势情况（图2），及时发现病虫害，

图2　实时监测

可方便技术员针对实际情况开展水肥管理和病虫害防治，大大减少了农药和化肥的使用。既节约了生产成本，提高产品品质，又减少了对环境的污染。生态效益较好。

（四）实施亮点

项目建设综合应用新一代计算机与网络技术、物联网技术、视频技术、移动互联技术及农业专家知识，打造智能化果蔬种植示范基地和"智慧农业园区"，实现了农业生产过程的可视化、智能化、远程化控制、诊断、预警和决策，提升了基地现代农业生产标准化、农产品安全生产、农事预警等水平，提高了土地产出率、资源利用率和劳动生产率，提升了农作物品质。据初步估计，项目的实施年创经济效益超过50万元。

宁海金龙浦：生鲜蔬果产业链全程智能化信息系统

宁海县金龙浦农业开发有限公司

一、企业概况

宁海县金龙浦农业开发有限公司成立于2002年1月，法定代表人尤宏伟，是一家以蔬果类生鲜农产品规模化生产为产业核心，兼营畜禽、水产养殖，农业生产技术研究及推广服务和农业生态旅游开发的一体化、经营专业化的农业综合开发公司。

公司自有农场位于宁海县南部，距县城27千米，依海岸线建设，占地1 000余亩，具有良好的气候资源、丰富的海洋资源和美丽的旅游资源。

公司拥有注册商标"湘田山"，多种产品通过良好农业规范GAP认证和有机产品认证，并取得浙江省级农作物种子经营许可证。公司2011年被评为宁波市农业龙头企业，并先后荣获"浙江东海岸现代农业示范园区"与"浙江省国际先进农业技术实验园"等荣誉称号。

二、物联网应用

（一）基地建设情况

公司首个智能化信息系统项目（宁海县金龙浦生鲜蔬果产业链全程智能化信息系统项目）采用物联网技术（图1），拥有玻璃育苗温室4座共7 400平方米、连栋薄膜温室2栋共3 600平方米、蔬果生产大棚以品种计36处；物流园区全场以及加工处理、保鲜储藏、出货配送等车间和场所共计38 921

图1　实地照片

平方米。共有两个水源回收地——一个供应大棚水源，一个供应育苗温室水源。

公司以蔬果类生鲜农产品规模化生产为产业核心，主要经营优质西兰花、番茄、带豆、南瓜、西瓜等品种。产品主要销往周边等地及国内各大中城市，年销售额达5 000余万元。

（二）物联网解决方案

通过该项目的实施，公司希望在产、供、销、用户体验各环节得到最理想的智能管控，在价值提升、利润提升、品牌提升方面发挥巨大的作用，实现企业的可持续发展，引领传统农业迈向现代化。

1. 采用物联网技术的生鲜蔬果全程可视精确管理

基于物联网技术，通过各种无线传感器（图2）实时采集农业生产现场的光照、温度、湿度等参数及农产品的生长状况等信息，远程监控种植环境（图3）。将采集的参数和信息进行数字化转化后，实时传输到数据中心进行汇总整合（图4）。利用农业生产智能监控系统，

图2　传感器

按照农产品生长的各项指标要求，进行定时、定量、定位计算处理，及时精确地远程控制农业设备自动开启或者关闭（如远程控制节水浇灌、节能增氧、卷帘开关等），实现了智能化、自动化的农业生产过程。

图3 实时监控   图4 传输设备

2.引入现代企业生产管理思想实现农业生产工业化

传统农业向现代农业转变，需要引入先进的管理经营理念和先进的科学技术。基于现代管理思想构建的ERP软件系统（图5）可以在精益生产、并行工程、供应链管理、全面质量管理等方面进行管理与跟踪，提高业务运作效率。农业ERP软件系统可覆盖农业产业链的产、供、销三方面，记录企业经营业务发生过程中物流、资金流、人流和信息流的状态，并能够让财务数据同企业业务中发生的信息相钩稽，保证了财务数据与业务数据相一致。

图5 系统截图

3. 实现生鲜蔬果产品全程可追溯管理

近年来，食品安全问题引起了人们的广泛关注。农产品作为人类健康和生命安全的源头，其质量安全显得尤为重要。建立农产品质量安全可追溯系统是企业的必然趋势。农产品质量安全可追溯系统不仅可以作为保障消费者利益的信息记录系统，还可以成为控制食源性疾病危害的管理系统。

（三）项目效益

该项目的实施为生活和生产带来了积极影响。主要体现在以下几个方面。

1. 生产效率提升

农业物联网实现了生产管理的远程化、自动化以及智能物流运输，生产管理和流通过程更加快速、高效，提高了单位时间的生产效率。同时，还实现了生产管理的精准化，提高了单位面积、空间或单位要素投入的产出比率，即提高了投入产出效率。

2. 循环流转成本降低

凭借农业物联网技术，农产品具有了身份标识，其生产、管理、交换、加工、流通和销售等各环节的信息实现了无缝对接，可以实现农产品的自动归类、分拣、装卸、上架、跟踪以及自动购买结算等，降低了物流成本。不仅如此，农业物联网技术的应用还实现了农业各循环流转环节的远程化、数字化和智能化，使得农产品信息发布和对接更加便利，甚至可以实现农业生产与电子商务的直接对接，既为减少其循环流转环节提供了重要契机，也为降低循环环节中信息的不对称提供了有力保障，从而为农产品交易成本、代理成本的降低提供了较大空间。

3. 能源资源的成本节约

过去，基于感性经验的农业生产和管理方式，能源资源浪费较为普遍，农业灌溉、施肥、用药、喂食过度等行为产生了能源资源的浪费问题，增加了能源资源投入成本。物联网技术的应用，使精准化农业生产管理方式得以实现，能源资源投入成本得以节约。智能存储技术也为流通环节的能源节约提供了巨大空间。而生产管理的远程化和智能化减少了农业从业者到达现场的必要性，为降低基于人的实体流动而产生的能源资源消耗提供了条件。

4. 农产品经济附加值的增加

运用农业物联网技术，农业生产和管理精确可控，肥料和农药、饲料添加剂等用量精确科学可控，其残留率可得到有效控制。智能储存技术在流通环节为农产品的保鲜和防腐提供了技术支撑，而食品安全溯源技术为农产品安全的全程溯源提供技术保障，从而使农产品质量安全得到保障，经济附加值得到提高。

5.带动农业物联网技术设备及相关产业经济发展

农业物联网技术除了提升农业产业自身的发展外，还可以带动其相关物联网技术设备和软件产业的发展。农业物联网技术实现了食品安全溯源、农业生产管理的精准化、远程化和自动化及农产品智能储运等技术应用功能，这些技术功能具有一定的社会经济效益。

该项目的实施已彻底改变了农业生产者、消费者观念和组织体系结构。完善的农业科技和电子商务网络服务体系，使农业相关人员足不出户就能够远程学习农业知识，获取各种科技和农产品供求信息；专家系统和信息化终端成为农业生产者的大脑，指导农业生产经营，改变了单纯依靠经验进行农业生产经营的模式，彻底转变了农业生产者和消费者对传统农业落后、科技含量低的观念。

（四）项目亮点

该项目的实施最为令人大开眼界的是其智能化的育苗系统。在育苗中心大棚外，天气可能变幻莫测，可是在大棚内，通过布置在大棚内的传感器、采集器、控制器等就可以将温度轻松控制在最适宜蔬菜生长的20℃。

自2014年引入农业监控系统后，育苗中心就正式开始智能化育苗。有别于传统的种植方式，在中心大棚内育苗，可不再受天气、技术等因素影响，可以根据实际情况，进行温度、光照、湿度的调节。棚内光照是多少？湿度是否合适？温度需不需要调节？工作人员只要在办公室里触动鼠标，或者打开手机，随时随地都可以知道育苗中心内蔬菜苗的生长情况。而且该智能系统集温、光、水、湿自动控制于一体，只要轻触计算机屏幕，就可完成要"风"就是风、要"雨"就来雨的"指令"，轻轻松松实现育苗。

这个总规模13亩左右的智能化育苗中心，全年可生产3 000余万株优质蔬菜种苗，可满足5 000~10 000亩基地的生产需要。智能化种植带来的不仅仅是轻松育苗，更为重要的是精细化、精准化的育苗种植，可大大提高育苗的成活率和菜苗的质量。

余姚姚北：农业智能化（物联网）服务平台

余姚市现代农业园区开发有限公司

一、企业概况

余姚市现代农业园区开发有限公司成立于2003年，前身为余姚市姚北食品工业园区开发有限公司，于2014年正式更名，是余姚市国资局下属企业。公司位于余姚市临山镇海涂，主要承担滨海现代农业先导区内各项事务的管理职责，同时为先导区内各农业经营主体提供劳动力交流、农技咨询、农产品质量安全检测等农业公共服务。

二、物联网应用

（一）基地建设情况

余姚市农业智能化服务平台根据该市农业主导产业特色，选取了12个具有一定代表性的生产基地，覆盖畜禽养殖、水产养殖、果蔬种植、茶叶种植以及休闲观光农业等产业。

该平台综合利用新一代物联网、视频监测、地理信息系统等现代信息技术，实现了对园区生产的综合管理和统一服务，提升了园区管理和服务水平，促进了园区现代农业建设（图1）。

图1　物联网系统主界面

（二）物联网技术

1.视频监控系统

根据5个试点基地和服务中心实际的情况，在基地相应位置布置视频采集点，每个视频采集节点分别将实时图像传输到物联网生产管理平台，以便远程实时查看各基地全景和作物生长状态。

2.基地传感器系统

（1）畜禽类：该系统主要应用在逸然生猪养殖精品园和奥农野鸭驯养精品园，有畜禽养殖常规四参数（温度传感器、湿度传感器、二氧化碳、氨气）6组、设备控制箱一个、高清网络球机4个、视频监控相关设备和系统软件。

（2）种植业类：该系统主要应用在临山巨融葡萄精品园、甬丰现代农业科技示范园区、欧银铁皮石斛精品园、黄潭蔬菜专业合作社基地等。每个园区配备种植常规五参数传感器（空气温度、空气湿度、土壤温度、土壤湿度、光照）各6组，共计18组。设备控制箱各一个，共计4个。高清球机除甬丰现代农业科技示范园区为5个，其他两个园区都为4个，共计13个。还有视频监控相关硬件及3套软件系统。

（3）水产养殖类：该系统主要应用在明凤甲鱼特色水产精品园，有水温、溶解氧、pH酸碱度常规三参数6组、设备控制箱一个、高清网络球机4个、视频监控相关设备和系统软件。

（三）物联网应用解决方案

项目从农业服务角度出发，将整个物联网的服务监管及生产应用建设集中进行统一展现、统一调度、统一集成，建成了"中心—基地"模式架构，指挥调度中心统一展示出所有种植、畜禽、水产等基地的信息系统，形成了集中化展现。各种植、畜牧、水产养殖等基地也可自主进行系统管理和操作。目前已经完成项目基本建设内容。

中心服务包含以下几个方面。

1. 统一监测展示与信息综合服务平台

为各个应用试点的生产现场的生产情况、环境数据提供一个统一的展示平台，可以使管理决策者在指挥中心充分掌握农业生产的即时数据，为农业决策提供辅助。

2. 农业专家系统

一方面农民可以通过现有公开的农业技术并参照各品种数据库，自行查看、判断；另一方面，专家也可以通过远程视频监控系统，在异地对基地进行生产和病虫害等相关内容进行指导。

3. 手机端系统

手机端APP基于Android系统开发，可实现设备控制。可利用手机对温室环境的智能控制、对灌溉系统控制，也可对相关设备状态进行调整，方便生产管理者实时、准确针对生产实际做出决策，保证生产顺利进行。可实现视频监控。通过手机移动网络，开启手机客户端视频监控，可远程对基地生产的实时情况做完全、动态的了解。

（四）相关效益

提升了园区现代化管理水平。通过园区生产环境、生产现场远程可视化、智能化管控，提高了园区管理水平。

提升了园区现代化服务水平。通过环境适宜性分析、农事生产管理、专家辅助决策、农事预警等，提升了园区服务水平。

促进了农业标准化生产，促进了农产品质量安全监管。

萧山农业：农科所农业物联网综合应用

萧山区农业科学研究所试验基地

一、企业概况

　　该项目是萧山区农业科学研究所试验基地核心区玻璃温室物联网型计算机智能控制项目。项目位于萧山区临浦镇萧山区农业科学研究所试验基地新址内，项目建设内容包括温室物联网型计算机智能控制系统、自来水系统、肥水灌溉系统、水源热泵加温系统、固定喷灌系统、立体栽培、移动/固定/潮汐灌溉苗床、视频影像等。该项目占地总面积16 156.8平方米。

　　项目达到同类型系统国内一流、省内先进，节能环保、运行费用低、现代化生产、科研与示范紧密结合、设备配套先进可靠。

二、物联网应用

（一）系统整体架构

　　系统架构遵循物联网架构原则，分为感知层、传输层、支撑层和展现层。感知层由布置在农业生产现场的各种传感器和采集节点组成，传输层由WSN无线传感网络组成，支撑层由自主研发的农业信息化基础支撑平台组成（图1），应用层由农业物联网应用的数据监测、视频监控、节水灌溉等模块组成，并以多种方式展现出来。

图1 平台登录界面

（二）具体应用

1.物联网智能云平台系统

物联网智能云平台系统，是整个系统是整个农业物联网系统的核心与大脑，承担着数据存储、分析、应用等功能，是串联起所有仪器设备的关键节点。云平台系统具有以下功能。

（1）监测数据实时展示及预警（图2）：包括植物生长环境信息、作物本体生长信息、病虫害信息等的实时展示预警以及前端高清视频的查看与回放。

（2）数据统计分析及辅助决策：系统可根据需要生成实时数据曲线、作物本体生长与环境变化对比曲线、病虫害发生及发展曲线。各类曲线可互相叠加展示，方便各类农业要素间的关联性分析（图3）。

图2 数据展示界面

利用植物本体传感器让灌溉施肥更有效

植物本体传感器曲线图

树木茎秆微变化传感器

作物茎秆微变化传感器

叶片温度传感器

果实膨大传感器

❶ 3天灌溉一次,第三天时,作物茎秆的生长速度明显变小。

❷ 4天灌溉一次,第四天时,作物茎秆已经停止生长。同时,果实生长速度也明显变慢。

❸ 每2天灌溉一次,可以看出,无论是作物茎秆还是果实生长的速度都是平稳向上的。

图3 肥水灌溉与作物生长的关联性分析

(3)远程控制功能:系统可根据设置选择环境阈值制动控制前端设备,例如可选择当土壤含水量低于某一阈值时自动开启灌溉系统。系统也可通过手机APP或PC端远程手动控制前端设备。

2.智能大田农业四情监测系统

(1)病虫害智能监测子系统。根据该项目实际需在田间配置了1套智能虫情监测系统,系统可以根据预先设定,对一定时间段内收集的害虫进行分段存放和拍照上传。除了虫情监测,该系统还可以扩展使用全自动病菌孢子捕捉仪,实现病害预警(图4)。

图4 无线智能虫监测界面

（2）智能苗情、灾情视频监测子系统。该项目采用智能高清球机作为苗情与灾情的监测设备。根据项目要求，在指定区域安装了红外枪型摄像机和智能球形远红外摄像机各1套，用户通过视频终端可实时查看种植区作物生长及灾害情况，并可通过平台实时控制智能球机的变焦、转动（图5）。

图5　苗情与灾情视频监控

（3）智能气象、墒情监测子系统。该项目在地块中心配置了1套无线农业气象综合监测站，用于采集大田的种植气象环境指标土壤水分（4层）、土壤温度（4层）、土壤盐分、空气温/湿度、雨量、风速/风向、辐射、光照强度、大气压、露点、光合有效辐射。因监测土壤墒情的需求，该系统的土壤温度和土壤水分监测单元各配置了4个传感器，分别在地表往下−20厘米、−40厘米、−60厘米、−80厘米的土壤深度监测土壤温度和水分。气象站将监测到的数据实时上传到监测平台，并

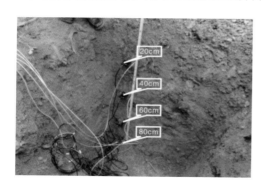

图6　墒情监测传感器施工

可同时转发到管理人员的手机上（图6）。

3.智能温室管理和控制系统

（1）温室内环境数据采集。该项目拟在每个温室内安装若干个空气温湿度、土壤水分、土壤温度、二氧化碳、光照强度等无线传感器，并为每个大棚配置1个信息传输中继节点。中继节点可将前端采集数据通过网络直接上传终端平台。

（2）植物本体数据监测。系统配置了若干套植物本体参数采集系统，可以实时采集叶温、茎秆粗细等参数，并将数据回传物联网平台进行生长分析（图7）。

图7 作物本体生长监测仪器

（3）温室自主管理与控制。平台能够将采集的实时环境数据、植物本体生长数据与预先设定适合农作物生长的环境参数进行比较，如发现传感器监测到的数据与预设数值有偏差，计算机会自动发出指令，启动智能控制系统，与控制系统相连接的通风装置、遮阳设备、加湿设备、浇灌设备等随即开始工作，直到大棚内环境数据回到系统预设的数据范围之内，相关设备才会停止工作。农作物的冷暖饥渴系统都了然于心，并且会照顾得无微不至，因此有效保障了农作物快速健康的生长（图8）。

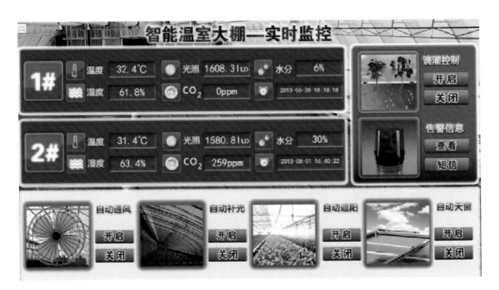

图8 大棚控制系统

4. 智能水肥一体化灌溉系统

智能水肥一体化灌溉系统主要由水肥一体化灌溉系统、灌溉控制系统、环境监测系统等几个部分组成（图9）。

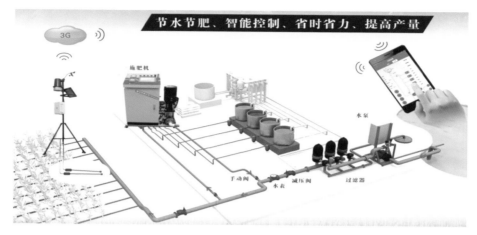

图9 水肥一体化灌溉系统

该项目按照作物类型和土壤类型，将灌溉区细分为若干个轮灌区，将轮灌区需维持的土壤水分值输入计算机，制定不同的自动灌溉方案。同时用户也可以自己设定灌溉时间、灌溉时长、灌溉次数、阀门开度等（图10、图11）。

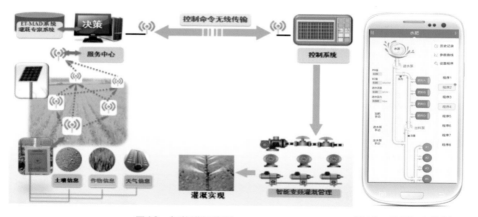

图10 智能灌溉流程   图11 手机远程控制界面

5.智能地源热泵温控系统

该项目采用热泵的方式，抽取地下水，经过气水分离器将抽取的水中的气体分离出来，得到更高密度的水进入机组的蒸发器。在蒸发器中，机组吸取水中的热量。再将水回灌到土壤中。机组吸取地下水中的热量，通过机器运行，将这些热量经由冷凝器在水泵的作用下排放到室内的热风机中，在风机的作用下，将热量带到大棚的养殖空间里。如此反复来进行加热，达到空间所需要保持的温度。该项目建设的水源热泵系统加温区域面积为1 843.2平方米，冬季可升温20℃（图12、图13）。

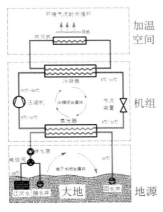

图12　热泵系统原理

图13　热泵立体栽培实景

6.转轨喷灌系统

该项目成功地将自动转轨式喷灌机并入物联网自动控制系统，实现了自动开关喷雾灌溉。

每栋温室布置了1条工作轨道，1台机器灌溉1栋温室。为了节省用地，转移轨道设置于温室道路上方。该系统的设计为吊轨式双轨道镀锌骨架，配以施肥机。

图14　喷灌车

变轨式喷灌系统的组成：喷灌主机，运行轨道，转移车和比例施肥机等（图14）。

7.智能催芽室系统

该项目配置两间智能催芽室，面积分别为10平方米与15平方米，接入到物联网智能控制系统中。采用精密管道型多模块组合式催芽室机组进行环境温湿度控制。

主控系统可任意设定温度、湿度控制参数,自动构成局部的微气候环境,可根据种子种类的不同选择最佳气候的运行模式,可在触摸屏上直接设置温度、湿度、时间、模式等参数。用户也可以使用PC端或系统配套开发

图15 实际建设效果

的APP软件对发芽室进行远程监视和参数的设定(图15)。

8.智能LED补光系统

在B3区配置了1套全光谱补光系统,选用植物生长LED灯组,安置于温室水平桁架下口。布置每跨3列10行,控制方式并入计算机控制系统。补光灯分6路接入物联网智能控制系统中。用户可以使用PC端或手机APP软件对补光系统进行远程监视和参数的设定(图16)。

图16 补光灯安装效果

LED育苗补光的优势。室内部常常以高压钠灯作为人工光源。以PhilipsMasterSON-TPIA灯源为例,在橘红色光谱区能量最高。然而在远红外光的能量并不高,因此红光/远红光能量比例大于2.0。但是由于没有自然光,因此会造成植物变矮。

相较于LED光源,光谱范围更广,更加接近于自然光源,也更有利于作物的生长(图17)。

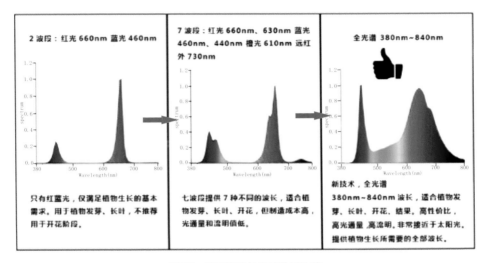

图17　不同波段补光的效果比较

（三）经济、社会效益

1.节省人员投入

通过该项目的建设，整个园区基本实现了物联网自动化控制，特别是由于智能肥水灌溉、自动温室控制系统的建设，大大减少了农业作业人员投入，降低了农业劳动强度。该项目预计可使农业作业人员投入减少40％。

2.节水、节肥

该项目通过大量农业监测仪器的使用，能准确掌握各种作物的种植生长环境和生长情况，为科学施肥、科学除虫、科学灌水提供了可靠依据。该项目建设预计可以节省水肥40％以上，每年减少除虫次数2~3次。

3.增加产量、提高品质

通过物联网项目的实施，大大提高了种子出芽率，缩短了育种和种植收获周期。同时由于实现了精准施肥、灌溉、除虫作物的产量和品质有了较大提高。预计每亩每年产值可提高15％~30％。

（四）项目建设亮点

该项目成功实现了智能感知、智能分析、智能决策、智能控制等的有机结合，尤其在智能分析领域实现了突破，在全国首先实现了水稻主要害虫的软件自动识别（图18）。

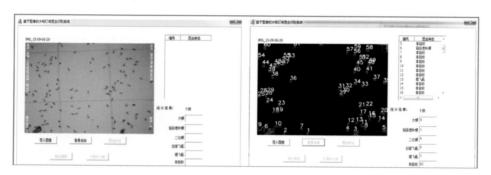

图18　水稻害虫自动识别统计

　　该项目广泛应用了土壤、水分、空气、植物本体等数十种传感器，基本实现了对植物生长全要素的监控，将传统农业的经验种植、定性研究上升为精准种植、定量研究，使所有的种植操作都有充分数据依据，实现了农业种植领域的一次革命（图19）。

图19　农业物联网建设结出累累硕果